算法与预言

L'ALGORITMO E L'ORACOLO

复杂科学如何预测和改变未来

[意]
亚历山德罗·韦斯皮尼亚尼
(Alessandro Vespignani)

[意]
罗西塔·里塔诺
(Rosita Rijtano)

○
著

潘源文
○
译

中信出版集团 | 北京

图书在版编目（CIP）数据

算法与预言：复杂科学如何预测和改变未来 /（意）
亚历山德罗·韦斯皮尼亚尼，（意）罗西塔·里塔诺著；
潘源文译 . -- 北京：中信出版社，2023.4
ISBN 978-7-5217-5391-2

Ⅰ . ①算… Ⅱ . ①亚… ②罗… ③潘… Ⅲ . ①未来学
－预测科学－普及读物 Ⅳ . ① G303-49

中国国家版本馆 CIP 数据核字（2023）第 033667 号

算法与预言——复杂科学如何预测和改变未来
著者：［意］亚历山德罗·韦斯皮尼亚尼 ［意］罗西塔·里塔诺
译者：潘源文
出版发行：中信出版集团股份有限公司
（北京市朝阳区东三环北路 27 号嘉铭中心　邮编　100020）
承印者：天津丰富彩艺印刷有限公司

开本：880mm×1230mm 1/32　　印张：7.25　　字数：134 千字
版次：2023 年 4 月第 1 版　　印次：2023 年 4 月第 1 次印刷
京权图字：01–2023–1218　　书号：ISBN 978–7–5217–5391–2
定价：69.00 元

服务热线：400–600–8099
投稿邮箱：author@citicpub.com

献给马丁娜，

我生命中的舵、帆、锚

等那位出色的预言家来了，

他就会告诉你归乡的路途、方向和远近，

助你渡过鱼龙出没的大海。

——荷马《奥德赛》（第十卷）

目　录

第三章 · 数据、算法与预测

第四章 · 预测新书能卖多少册

第五章 · 人工智能的陷阱

第六章 · 人工世界

第七章 · 管理我们的未来

第八章 · 尾声

中文版序

本书第一版在意大利上市后，没过几个月，新冠病毒的出现和新冠疫情的暴发迅速改变了我们所知的世界。这场疫情促使技术的应用空前加速，数据和算法在全球应对新冠疫情的过程中发挥了关键作用。由此，我们逐渐认识到，数据和算法的价值远远超出商业领域，它们可以直接影响生死。诸如“具有社会影响的数据”这样的短语，在我们亲身体验了这种影响之后，已经被赋予了更具体的意义。

在新冠疫情期间，通过数据和算法预测未来，于我们而言似乎越发出乎意料或者说刷新认知，而本书所讨论的许多场景和情况也有如预言一一应验。书中描述的那些科学进展在这场疫情中接受了考验。如果我们考察一些专业研究组的工作，就会发现，通过数据和算法，人们已经对这场大流行病有了诸多了解，而且往往是提前了解。模型和算法已经证明了其自身的价值。例如，在新冠大流行的初期，专家便基于模型对新冠疫情的国际传播趋势进行了准确的分析，并就这场大流行病的风险向国际社会发出了重要预警。紧接着，专家运用数据和算法来描述新冠病毒无症状 / 有症状传播的可能性，并在检测能力极其有限的情况下估计实际的感染者数量。这类工作多年来一直以“预报”和“情景模拟”的方式进行，它们只是现代计算流行病学工作的一小部分，但已经成为流行病管理中的重要工具。它们在每一波新的感染潮到来前敲响警钟，分析管控措施的影响，并评估每个毒株变体出现后对疫情发展轨迹的影响。以奥密克戎变异株引发的新一波感染潮为例，截至 2021 年 12 月中旬，已经有专家预测到这一波的感染数量会增加，而且规模会远超之前。

本书有几章专门介绍了在大流行病期间，数字化带来的数据流、算法和模型是如何被用于生成各种有关流行病的资讯的。令人遗憾的是，在新冠大流行期间，科学研究成果和信息的传播与一些毫无依据的说法交织在一起，从预测疫情结束的确切日期到每一波感染潮的具体情况，仿佛每一波感染高峰都是按照计划到来和消退。往好了说，这些分析和理论由于缺乏计算流行病学的基本知识而不免有些天真。往坏了说，它们就如同永动机理论，错得无可救药。那些毫无依据的说法充斥着整个社交网络，有些甚至在主流媒体上占据一席之地，它们不仅不能帮我们看清形势，反而会干扰我们的理解，让公众感到更加困惑。这种误导性信息产生的后果显而易见，并且引人深思。我们有多少次听到这样的话语：“他们什么都不理解，更什么都不能预测。”

通过阅读后面的章节，你会发现，无论是认为疫情期间无法进行准确预测，还是认为在其他某些领域无法进行准确预测，这些观点都是不符合实际的。模型和算法的运用，将数据从静态的系统快照转化为具有预测能力的动态要素。你会了解到，当我们将针对未来情景的假设进行形式化处理，以及对未来可能发生的情况创建推理路径时，模型和算法仍然为我们提供了最佳工具。不过，你同时也会了解到，模型和算法并非神谕，它们只能基于特定时间的假设和可获得的数据，针对未来可能发生的情况进行预测，而且预测的结果必须随着科学知识的更新和决策政策的变更而不断修正，以确保预测科学的可重复性和可靠性。模型构建者和决策制定者的通力合作是关键。对所有可能存在的不确定性、假设以及方法的局限性保持透明是十分必要的。这种合作使我们能够清楚地看待模型和算法所描绘的未来世界的图景，并在此基础上及时做出决策，理性地评估不确定性和风险。这一过程看似混乱，却是掌握可靠的科学预测方法和做出明智决策的必由之路。

事实上，过去几年，我们已经非常清楚地看到，围绕数据和算法的使用产生的大多数问题源于人们对它们的能力和局限性普遍存在误解。尽管有望运用新技术应对危机，但我们尚未充分发挥出它们的潜力。比如，在这次的新冠疫情管控过程中，海量的数据被生成，可并未得到充分利用。数字化接触者追踪、病毒基因组测序和掌握人口流动数据都是可实现的，但我们的社会并未做好利用它们的准备。如果不能将数据和算法转化成实用的见解和知识，那么它们将毫无用处。接下来，我想表达的是，在解锁数据和算法带来的新认知时，人们会遇到的一大障碍就是将复杂的图景过度简化——将有关算法和人工智能的复杂讨论归于简单的未来主义场景，即仿生人形机器人大军究竟会拯救人类还是会奴役人类。

如今，人工智能越发拟人化，这种倾向在人们与聊天机器人（比如 ChatGPT）的互动中更加明显。我们将它们当作有认知能力和情感的对象进行沟通，紧接着，我们开始担心它们会夺走我们的工作，继而会取代我们。也有人认为，人工智能会成为我们绝佳的守护者，但这是一个很大的误解。人工智能只不过是一系列“算法”，具体而言就是一系列精确的指令和数学表达式，我们用以明确信息间的关联，识别事物的发展趋势，总结人类行为背后的规律和动机。人工智能就像是一面镜子，能够映照出人类的所有美德和偏见。算法只有在与人类的互动中才被赋予意义，并基于人类持续产生的数据自我优化。智能算法能够频繁记录我们购买的产品，通过 GPS（全球定位系统）标注来追踪我们的行动，用情绪信号实时分析我们的对话。算法通过将我们的数据与其他数百万人的数据进行比较，从而描绘出我们的心理画像，更好地预测我们的音乐、文学以及电影品位。

人工智能只有基于我们所生成的数据不断优化，才能更好地分析我们的现在，预测我们的未来。因此，人类和人工智能处于一个共生的过程中，二者的结合产生了“增强智能”（Augmented Intelligence）。由此，人类获得了新的力量：能够在几秒钟内筛选出堆积如山的数据，能够迅速找到答案，能够预测未来。算法也变得越发强大和准确，它紧紧贴合着我们，就像我们量身定做的衣服一样。这两种智能互相增强。而且，这种“增强”的过程并不只存在于个人层面。在整个社会层面，基于数据和算法的大型计算机模型能够对数百万甚至数十亿人的日常生活、行为和互动进行模拟分析，这为我们实施政治规划和危机管理提供了崭新的工具。这些基于模型造就的人工社会，能够帮助我们分析各类事件发生的情景，譬如疫情会从何时何地开始传播、地区冲突何时出现、一场金融危机有多大可能会爆发，并在此基础上评估风险，制定相应的干预政策。

我们在此探讨“增强智能”而非“人工智能”，并非要咬文嚼字，而是要将人类重新拉回我们正在经历的这场革命的中心，使人们脱离科幻小说的影响，转而关注当下世界。在当下世界，算法与人工智能正在增强人类的能力，而不是取代人类。在当下世界，我们显然并未受到所谓的“杀手机器人”的威胁，却经受着因使用和控制算法的能力存在差异而导致的社会经济不平等。在当下世界，我们正经历着政治和经济力量的再平衡，而这种再平衡是具有划时代意义的。在当下世界，只有少数政府、组织或团体掌握了基于算法进行预测的能力，能够看清现在和未来的图景，大多数则还在黑暗中苦苦摸索。但最重要的是，我们必须重塑教育系统，改革学校和培训制度。要培养人们的计算素养，解放人们的创造力，不要让人们面对掌握在少数精英手中的算法时毫无防备，盲目崇拜。在当下世界，威胁我们的可不是什么“杀手机器人”，而是人类在漫长的历史上一直存在的问题——短视。我们必须认识到，人类社会已经进入全新的“增强智能”时代，一切都将改变。

我们必须意识到，不久之后，我们将不得不应对很可能比新冠疫情更严峻、更紧迫的问题。人类将不得不应对气候变化、人机交互、资源枯竭、环境退化、人口过剩以及社会不平等加剧等问题。无论我们接受与否，这都是人类在新时代必然面临的挑战。掌握数据并能够基于适当的模型和算法读懂数据，才是解决这些问题的开端。

亚历山德罗·韦斯皮尼亚尼

2023 年 2 月

于波士顿

前　言

我是占卜师

6：30　闹钟响了。我坐起身看看窗外，今日多云。我打开智能手机，瞅了眼天气预报。果然，中午要下雨，而且有70% 的概率会下到晚上 7 点。“看来出门得带伞。”我心想。

8：00　收拾收拾该出门了，我得先送孩子上学。手机提醒我，这会儿环路上车多拥堵，建议改乘公交车穿过市中心，这样能快 4 分钟。嘿，我还是听它的吧。

8：30　进了地铁，我正好听听音乐打发时间。手机给我推送了两支乐队，说这是“我可能喜欢的风格”。我听了一两首，还不错，给他们点了赞，下了单。

9：00　终于到办公室了，我打开电脑查邮件。亚马逊和斯普林格（Springer）都给我发了推送，都是“你可能感兴趣的本周新书”。好久没读新书了，这些书名看着还挺有趣。鼠标轻轻一点，我把它们放进了购物车。

10：30　手机又响了。这是我每天订阅的新闻。手机会每天定时推送“你可能关心”的新闻。我快速浏览了一遍，准备待会儿回家路上细读几篇。

11：30　休息时间到了，趁着喝咖啡的空当，我浏览了主流报纸的网站。卫生部刚刚发布流感季的最新预测，据说感染人数会在下半年达到峰值。流感还是得重视，我得想着哪天去医院接种疫苗。

13：30　到了午饭时间，我约好跟同事们一起吃饭。我们边吃边聊。还有不到一个月就要大选了，谁会胜选，在我看来其实很明朗了。不过，统计数字总归有误差，就是这么点儿“合理的误差”让不同阵营的人吃着吃着就吵起来了。

15：30　由于工作需要，我得上网查资料。没有搜索引擎，在这年头真是寸步难行。我发现搜索结果好像越来越准了，总能找到我需要的信息。

16：30　从银行那儿传来了好消息，我的贷款申请获批了。因为个人征信记录良好，他们还给我降了 0.25% 的利率。

17：30　社交网络平台给我推送了新朋友，说这些人和我“可能特别投缘”。我点进去看了看他们的头像和主页，点了一圈赞，于是又多了几个新朋友。

18：30　手机应用程序提示我，公交车将在 18：47 抵达。离车站还有点儿距离，我得快走两步了。

18：35　我又瞅了眼天气预报。嘿，降雨的概率变成 5% 了，那我可以放心了。

19：30　下车了，我得先去超市买点儿东西。超市小票后面有打折码，貌似很划算。自从我成了它家会员，各种促销和会员价已经帮我省了 200 多欧元了。

21：30　孩子们都睡了，这一天下来真累！终于能休息休息，看看电视了。我来看看网飞有什么好的推荐……

这就是我的一天，和你的也许没什么差别。

这普通的日常充满了算法，它时时刻刻都在干预你的生活，而你也许根本意识不到。它会预测你周围将发生什么，预测你的需求，预测你的行为。算法的世界充满魔力，这魔力自然并非凭空产生。每次上网订票，你在旅行方面的购买力、最喜欢去的地方，都会形成数据被记录下来。每次刷信用卡，你最常买的东西也会被记录下来。智能手机还能通过 GPS 准确跟踪你的行程。社交网络会实时分析你聊天时的心情。你的个人信息、数据会和无数其他人的数据对比。通过这些数据便能绘制出你的心理肖像，预测你在音乐、文学、电影等方面的品位或兴趣。凡走过，必留下痕迹，凡所过往，皆为数据。过去的数据服务于当下的分析，并绘制未来的图景。我们早习惯了“被预测”，觉得这既方便又安全。可要是你意识到自己被预测者操控了，恐怕就不会这么想了——我们真能意识到这一点吗？

我已步入中年，相信很多中年读者朋友和我有相似的经历。我们出生、成长于昨日的世界，它和今天太不一样了。以前，没人会把手机一天到晚放口袋里。过去，我要是想买书，得在书店转半天，千挑万选。好几次走出书店后，我才发现都过了一个下午了。效率虽然不高，但这是多么美好的回忆！走过一排排书架，指尖划过书脊，期盼着偶遇自己找寻了很久的某本书，撞见那心心念念的封面。我后来从事物理学研究，关注计算机模拟技术。这是预测科学的风口浪尖。曾几何时，科学家试图以简单模型描述社会行为，很多人却说这是痴人说梦，讥讽预测科学不过是数学和统计物理的小把戏，和解答现实问题没有丝毫关系。当年即便是最疯狂的科学家也做梦都想不到，随着科技的飞速进步，我们今天已能搜集、掌握、分析如此海量的数据。在庞大的数据加持下，预测模型越来越准确了。

有人问我，在预测科学的发展史中，是否存在某个重要的转折点？其实，我决心写这本书，正是因为感到了某种紧迫性。借着本书的写作，我将对预测科学的发展做系统回顾。提笔为文，我的思绪又回到了几年前。2016 年 1 月的一天早上，在美国国家卫生研究院流行病学研究中心工作的朋友给我打电话，问我能否预测拉丁美洲暴发的寨卡病毒的传播趋势。多数情况下，寨卡病毒感染者的症状只是普通发热、头疼、皮疹和关节疼痛。按说这不是什么严重的症状，但是，如果女性在怀孕期间感染寨卡病毒，就可能将病毒传染给胎儿，导致新生儿出生缺陷，罹患小头症（因颅骨发育不完全而导致的畸形，患者的头部尺寸小于正常值）和其他先天性畸形。世界卫生组织已宣布这是“国际关注的突发公共卫生事件”，这意味着寨卡病毒疫情拉响了全球医疗机构的最高警报。

接到这通电话时，2016 年里约奥运会已经快开幕了。参赛运动员约 17 000 名，预计有 50 多万游客将涌入这座热情的城市。大规模体育盛事与病毒相遇，引发的担心显然并不多余。如果疫情因为奥运会扩散到拉丁美洲之外，后果不堪设想。在之前对流感、埃博拉病毒的研究中，科学家已经积累了不少经验，构建了多种预测模型，然而寨卡病毒的情况更为复杂。它主要通过埃及伊蚊（Aedes aegypti）进行传播。这种蚊子是寨卡病毒的宿主，能通过叮咬从感染者的血液中获取病毒，并在下次叮咬时实现传播。要建立针对性的预测模型，就必须掌握这种蚊子的地区分布和密度。这似乎是不可能完成的任务。

随着研究工作的推进，我们手头的数据越来越多。在整合、分析数据后，所掌握的埃及伊蚊的分布范围越来越具体。最终，我们可以在几平方公里的区域内描述它的分布。此外，我们还要掌握人口的相关数据，明确蚊子和人群的互动关系，如此方能完整描述病毒在人群中的传播路径。人口的流动在构建预测模型时极为关键。人是“不翼而飞”的动物，能在数小时内完成跨越数千公里的旅行。人的远途迁徙会将病毒带到有蚊子的地方，导致病毒进一步传播。研究到了这一阶段，我们必须掌握人在海、陆、空领域的流动数据，确定全世界 190 多个国家和地区的个体因旅行或日常活动发生的位移（比如“上学”，就是个体从家到学校发生的“位移”）。

最初的预测结果让我们颇为气馁，我们意识到模型仍需要改进。要进行有效预测，还需将个体的社会、经济情况纳入考量。有人住在市中心的高档公寓，生活优越；有人经济条件不算好，但家里好歹有蚊帐；有人生活条件恶劣，在贫民窟讨生活。这三种人的得病概率显然不一样，这种差异性也要体现在算法中。只有覆盖了以上各种因素，我们才能预判 2016—2018 年寨卡病毒传播的可能趋势，最后得出的数据才可能为国际机构所采信，作为制定政策（如划定未来高风险地区、评估疫苗的效果）的依据。

在我的职业生涯中，对寨卡病毒传播趋势的预测工作见证了一个特殊而重要的时刻。我当时没有意识到，自己正身处一个崭新的领域。如果预测疫情的工作交给亚马逊或者谷歌公司数据运算中心的超级计算机，它们将如何运行算法？别忘了，亚马逊通过算法准确预测了“我可能感兴趣的书”。诚然，预测科学的算法仍有进步和完善的空间，但不可否认的是，它的确越来越精确了。透过预测科学的视角，我们能看到一个没有秘密的未来，一个能被精准预测的未来，一个我们能完全掌控的未来。对我们的祖先来说，这是虚无缥缈的幻想。今天，这样的未来不再遥不可及，它的面貌日益清晰。

这一切不过是最近 30 年的事情。在这 30 年里，我亲历了两场科学革命。第一场是概念革命，它见证了复杂科学从无到有的发展。复杂科学是人类社会可预测性的根基。在蚂蚁社会里，蚁后地位尊崇，但从根本上说，群体才最重要。我们观察蚂蚁得出的结论，同样适用于人与人的关系。复杂科学破解了人类社会的“蚁后神话”。蚂蚁社会清晰可见的等级制度并非存在某个“领导”的结果，而是发生于大量个体间的群体现象，这种现象能通过数学和统计学手段来描述。在人类社会，某种时尚何以风靡某个社会，公众舆论又为何会两极分化，这些社会问题同样可以用数学和物理的手段来描述、分析和解答。

第二场是数字革命，它是海量数据和计算机运算能力升级的产物。数字革命为科学家打造了全新的“实验室”。我们的日常生活无时无刻不在接触数字世界，制造出海量的信息。这些信息构成了科学家研究社会的基本素材。什么是“海量的信息”？这里不妨给出一个直观的说明：人类每天都会制造出2.5个艾字节（exabyte，缩写为EB）的数据，1个艾字节等于2^{60}字节，将这些数据刻录进DVD光盘，需要足足50万张。这些海量数据来自我们生活中时时刻刻的涓滴积累。我们在健身时手机记录下的运动数据、上网时留下的检索记录、手机移动支付产生的数据等，共同构成了我们生活的完整画面。年轻的读者们可别忘了，就在不久前，这一切还是天方夜谭。

然而，数据本身并非知识。法国数学家、物理学家亨利·庞加莱（Henri Poincaré）曾说，科学不是一大堆数据的堆砌，好比只是把砖头一块一块垒起来，无法建成宜居的房子。信息是如何转化为预测能力的呢？答案是“算法”。信息在通过算法的筛选、加工、分析后，才能服务于预测。

何为算法？我们不妨给出一个简单的定义。所谓算法，是一系列精确的指令或数学表达式，用以明确信息间的关联，推演事物的发展趋势，总结出规律和法则，基于这些规律和法则便能预测疫情的蔓延、思想的传播、金融市场的波动等。亚马逊公司就是通过一系列复杂算法来了解用户的习惯，推送用户可能喜欢的书。社交网站则通过算法，分析我们的“点赞”行为和阅读习惯，推送我们感兴趣的文章。许多算法都基于自动学习模式，又被称为“机器学习”。通过机器学习，算法在海量数据中识别相似性和重复性，预测未来可能重复发生的事件。人是预测的主体，但在复杂系统中，仅凭人的智慧发现重复性或周期性谈何容易。这就需要计算机帮助我们捕捉人脑和肉眼无法识别的现象和信息。

出于对未知的天然焦虑，人类总在设法控制未来。这种焦虑是预测科学进步的动力。今天，我们能通过方程演算、定理推导，模拟人与人之间的社会互动，并将这一方式扩展到生物系统，运用于疫情研判与防治领域。我们能在计算机上通过数据和图形呈现全球人口的动态情况，可以精确到每平方公里的范围。在棋盘网格般呈现的数字世界中，我们能直观再现相关地区人口的年龄、性别、工作、流动等信息。精准的预测是危机管理的重要工具。科学的决策流程离不开科学的预测。预测，意味着将目光投向未来。

人类的预测行为并非始自今日。古希腊人和古罗马人会告诉我们，未卜先知的能力是一种权力。古希腊人相信，神谕和占卜出自永不会犯错的祭司。他们拥有无上权威，是神的使者。城邦生活的一切重大事务都要咨询他们，什么时候开战、什么时机发起总攻，也都要求问占卜。德尔斐神谕背后正是一套完备的祭祀制度，它反映了围绕这一制度运转的城邦生活。古希腊人每月会定期问询神谕，此时城邦会举行隆重的献祭。有时，神谕是特事特问，用今天的话说，类似咨询公司的付费咨询，由最负名望的公民代行祈求。德尔斐祭司在今天不必担心有失业的风险，不过前提是他们得与时俱进，通晓今天的算法。换句话说，今天的数字预言家就是古代占卜师的传人。他们的工作性质确有相似之处，都与权力运作、经济运行密不可分。人们尊重他们，有时也惧怕他们。在大众眼里，今天的预言家仍然神秘。当他们为我们解决现实生活中的具体问题时，他们仍面目模糊；当他们向我们揭示不安的未来时，我们仍看不清他们；当他们告诉我们，算法不仅能预测未来，还会影响、定义我们的未来时，他们的面目不仅模糊，而且令人不安。英国政治咨询公司“剑桥分析”（Cambridge Analytica）曾被指控利用脸书用户的数据，影响了2016年的英国脱欧公投和同年的美国大选。社交网站的“点赞”行为，可能被用来分析我们的政治、宗教倾向，从而被用于隐秘操纵我们的投票行为。现代“占卜师”可能会通过算法操纵我们、制造未来，而我们仍看不清他们是谁——这是预测令人不安的一面。

本书无意对历史上的预言按照准确率排序。失败的预言同样推动了科学进步。无论成功与否，无论是否被看见，这些“占卜师”真实存在于我们的生活中，他们的预测与每个人的生活息息相关。预测科学是门宏大、崭新的学问，本书不准备具体探讨相关理论或技术细节，对可能存在的某些争议也只点到为止。相信如此一来，本书反而能够沿着更清晰的主线从容展开叙述。预测科学需要祛魅。在许多读者眼中，预测是数字魔法，而本书将告诉你它的“魔力”从何而来，又有哪些局限性。

本书并非理论艰深、演算复杂的教材，而是在笔者多年从事科研活动的所见所闻与亲身经历的基础上写就。这些故事串起了本书的叙述主线。在本书第一章，我将告诉大家，30 年前的科学家如何认识预测。第二章将讨论如何将社会系统置于物理学研究视域内，如何以数学公式描述个体行为。第三章将讨论数字革命。海量的数据、日新月异的人工智能技术是预测科学迅猛发展的基础。数据是预测的原材料，人工智能则是预测的重要手段。预测究竟如何开展，这是第四章的主题。初出茅庐的艺术家会迎来什么样的职业生涯，某本新书能否跻身畅销书之列，这些都可以是预测的对象。在第五章，我们要冷静下来反思预测科学。一方面，数字“占卜师”不可能百发百中，有时甚至会南辕北辙；另一方面，预测行为也可能制造陷阱。到了第六章，我们将认识以计算机虚拟世界为基础的新预测方式。在第七章和第八章，我将与读者一道重新审视我们生活的世界。随着预测科学的迅猛发展，世界变得可被预测。然而，这一光明的事业如同月亮，也有从不示人的阴暗面。

预测并非现代人的成就，它几乎和人类历史一样悠久。今天的预测科学家穿越回古代，会被视为祭司的同行。他们是通过算法解读数据、传达科学“神谕”的“占卜师”。他们并不神秘，知识是祛魅的前提。我愿在这里大胆预言：读完本书，你会更了解预测。

第一章

预测科学

登陆新世界：预测的历史

1942 年 12 月 2 日这一天注定要被写进历史。这天，恩里科·费米（Enrico Fermi）来到芝加哥大学体育场的地下室，这里是芝加哥一号堆[1]，也是世界上第一座铀–石墨原子反应堆。这位意大利物理学家是斯多葛主义信徒，向来喜怒不形于色。如今，实验到了最后关头，在场所有人都能感受到他内心的紧张与兴奋。他手持计数器站在控制台前，9 时 45 分，反应堆正式启动，能够吸收中子的镉控制棒被慢慢抽取出来，使越来越多的铀接触到中子。中子轰击铀核，使铀核发生裂变，裂变过程中会释放中子，这些中子会再引发其他铀核裂变。石墨使铀核裂变释放出的中子速度放慢，从而使中子更容易与其他铀核碰撞发生裂变。随着计数器咔咔声节奏越来越快，铀核裂变开始了。下午 3 时 20 分，费米下令把控制棒继续往外抽取，几分钟后，计数器的声音稳定下来，反应堆达到临界点。人类历史上第一次核链式反应开始自动进行了。大家打开提前准备好的红酒，斟满纸杯，无声而热烈地庆祝。诺贝尔物理学奖得主、物理学家阿瑟·康普顿（Arthur Compton）给时任美国国防研究委员会主席詹姆斯·科南特（James Conant）发去一封著名电报，内容相当简洁："意大利航海家已登陆新世界。"

这封电报宣告人类进入了原子时代。这场始于17世纪的探索在1942年12月2日有了完美结局。300年来，人类对自然元素的探究从未停歇，这场旅途让我们更了解自然，也更了解自身。我们对今天的天气了如指掌，对明天会不会下雨心中有数，还能准确预测下一次日食会在哪一天发生。这份对未知世界的确知和自信，是原子时代科学昌隆的象征。这场旅途从未停止，还在不断加速前进。如今，人类已进入亚原子世界，商业化载人宇宙飞船已成为现实，几十年前，人类还在月球上留下了脚印。这是人类致广大、探精微的共同事业，是瓦格纳音乐大气磅礴的高潮。在一次次从成功走向成功的过程中，我们几乎产生了幻觉，以为自己不仅完全了解外部世界，还掌控了周围的万事万物。掌控万事万物？这么说可能太抽象了。其实，了解化学反应的机制、制造新能源、设计新型飞机，都是对物质进行控制的某种形式。

当然还有更精致、更微妙的控制形式，那就是本书的主题——预测能力。晚上入睡前，我们知道第二天太阳会照常升起，并且一定会在几点几分升起，这就是确定性；看着一轮满月挂在夜空，我们欣赏之余还不忘查一下下次月全食会在哪天发生，这是种有诗意的确定性；引发海啸的地震会产生独特的声波，我们可以利用它缩短海啸的预警时间，这是可以拯救生命、减少财产损失的确定性。人类在宇宙中何其渺小，预测能力极大缓解了我们的无力感。因为能够预测未来，我们意识到历史上的天灾并非神秘力量作祟，作为自然现象，它们完全可以被我们认识。知识是对治恐惧的药方。预测能力帮我们战胜了最古老的恐惧。

不瞒大家说，我刚开始学物理时，最令我兴奋的就是通过学习获得一种掌控感。我能预测天体运行，掌握运动定律和热力学法则。我知道得越多就越自信，越相信周围的一切都可以被理解、被预测、被控制。物理学家在把原子、电子这些视之不见、抟之不得的微粒写成方程时，会产生智力上的愉悦。但我还要告诉大家，真正优秀的物理学家不会沉溺于这种快乐，而是随着研究的深入越来越清醒。

科学的基础是实验，但实验的条件都是明确的或是给定的，观察的现象也是具体的。我们观察两颗行星的运动，学习引力法则；观察恒温液体被推进完美的试管中，学习流体力学。但对周围世界的预测不能仅从理想状态入手，否则无异于纸上谈兵。要预测太阳系，我们必须考察太阳系的所有行星。要进行大气预测，就要从温度、密度等角度考察液体状态，温度和密度在空间的每个点位都会发生变化，更不用说很难获得令人满意的数据。换言之，预测真实世界或现实社会，不仅费力，还未必“讨好”。但我们仍在努力用数学公式、物理定律来描述和分析未来。归根结底，这并非现代科学进步的产物，而是沿袭了我们祖先几千年来认识世界、预知未来的传统。

古巴比伦人是优秀的天文学家。在公元前2000年，也就是距今4 000多年前，古巴比伦人仰观天象，追踪星辰的运行轨迹，参悟到天文现象有固定的周期律。他们通过数学运算，记录下星辰运行的周期，已经能实现相当精准的预测。在公元前3世纪，天文学家已经可以利用几代人在几百年间观测的数据，发掘行星运动的规律，甚至可以据此预测日食的准确时间，确定行星的具体方位。古希腊人则将行星运行周期和几何学结合起来，进一步发展了天文学。今天的天文学家，仍要心怀敬意地肯定前人的发现。天行有常，今天的夜空仍在依循古人破解的秘密星罗棋布，我们的祖先数千年来留下的记录和发现，仍在被现代人使用。今天的预测因此掌握了层叠积累的历史数据。换言之，预测科学将求索的目光投向未来，而研究进路的起点却在数千年前。预测科学正是基于周期长达几十年甚至数百年的观测，寻找规律和重复的痕迹。同样，今天的气象学家能成功预测潮汐，也离不开前人留下的历史数据。潮汐是万有引力在月球、地球和太阳之间相互作用的结果，古希腊人充满诗意地指出“月亮产生潮汐”，但地球自身的因素也决定了潮汐的规模和周期。准确预测潮汐，要充分考虑当地海岸线的形状、海底深度等因素，这离不开对历史数据的梳理和分析，明确不同历史时期有哪些因素产生过周期性影响。潮汐是海水在太阳和月亮的引力作用下产生的，这是这一自然现象背后的根本原理，但在预测实践中，我们不仅要守住根本原理，还要参考众多其他因素。一言以蔽之，预测是项系统工程，本书介绍的众多算法，正是推动预测结果越发精准的保障。

关于未来的力学

预测不是信口雌黄的猜测，而是一门科学。既然是科学，就离不开完备的理论支撑。我们仍以天文学为例。意大利科学家伽利略发明了天文望远镜，为万有引力定律和牛顿力学三大定律的发现奠定了基础。人类对星空的研究，可以分为伽利略之前和伽利略之后两个时期。透过伽利略望远镜，行星的运动不再是依靠一小部分天文学家夜间观测后的历史记录来试图解答的谜语。天体研究越来越复杂，更注重数学运算和物理学定律。物理学将天体在某个给定时间段内的位置和速度，与下个时间段内的位置和速度进行关联，由此确立天体间的互动机制，并在此基础上展开预测。从时间上说，“占卜师”的肉身无法击败天上的星辰。在实践中，通过几十年的漫长追踪来观察某个体系，再构建认识模型，对人类而言并不现实。夜观天象和纸上推演缺一不可。通过构建算法，以指令和运算实现预测，这是预测模式的范式转变。换言之，通过数学运算、物理建模，天文学家做到了眼未见而心自明。天文学家曾经发现，其他行星都按推算的轨道循规蹈矩地绕太阳运行，只有天王星“不走寻常路”，总偏离路线。他们据此判定，一定存在某个尚未被观察到的行星，它的引力扰乱了天王星的运行轨道。根据天王星的运行轨道，数学家推算出了这一未知行星的轨道，随后这一行星被发现并被命名为海王星。[2]

19 世纪末的人类，欢呼科学的进步，沉浸在科学带来的掌控感中。当我们掌握了初始数据（如方位、速度、体积、电荷等），就能通过数学运算推演某物体或体系未来如何发展。在人类进入20世纪前，流体力学、热力学的飞速发展催生了现代气象预测理论。英国物理学家路易斯·弗莱·理查德森（Lewis Fry Richardson）在20世纪初首次提出，可以用力学方法进行气象预测。[3] 具体来说，如果我们能实测并描述大气的各种变量当下的状态，并推演出动力方程，就能算出大气在未来处于何种状态，明天甚至一周后的天气就能一目了然。理查德森指出的方向无疑是正确的，但要实践这一构想谈何容易。我们首先要将大气分解为数百万个立方体，它们个个不同，拥有特定变量（温度、密度、压强等）。运算者不仅要确保所有实测数据的准确性、运算过程的精确性，还要在最短时间内得出结论。假设现在开始复杂运算，耗时三天，我们得出的结果却是前天的天气“预报”，即使结论准确，这样的预测又有什么实际意义呢？对理查德森来说，因为在1910年还没有计算机，他只能从粗糙的实测数据出发，这些障碍在当时是无法逾越的。

还要等几十年，更准确地说，要到1950年，数字计算机才开始执行第一次天气预测。[4] 位于美国新泽西州的普林斯顿高等研究院的气象专家在第一代电子计算机“埃尼阿克”（ENIAC，电子数字积分计算机）上以大气动力学为基础，进行了第一次天气预测。“埃尼阿克”有 2 万多个电子管、7 万多个电阻，是个不折不扣的庞然大物。1955 年，美国空军、海军和气象局制成了第一张气象图，天气预报从此驶上了飞速发展的快车道。今天，我们在手机上轻轻一点就能获取最新的天气资讯。别忘了，这轻轻一点背后是几代科学家前赴后继的努力。

概率与未来

气象预测的历史是成功的历史。尤其是在最近 50 年，人类的气象预测能力实现了几何级数的突破，每过 10 年左右，预测的范围就可以增加一天。50 年前，我们只能预测未来 3 天的天气，如今能预测未来 10 天的天气。今天，我们对未来 6 天的天气预测，和 20 世纪 80 年代对未来 3 天的天气预测同样准确。但是，别忘了，气象预测仍有局限性。正确认识局限性，也是预测科学发展的一部分，它改变了预测科学自身。精确的气象预测，难度不在于方程演算和大量的变量，而是在气象方程的演算中，某个极微小的初始变量不易察觉的微弱变化，都可能导致最后结果出现极大偏差。你一定听过“蝴蝶效应”，印度尼西亚的一只蝴蝶扇动翅膀，可能在美国佛罗里达州引发一场飓风。大气状态的细微扰动，可能导致未来天气的激烈变化。[5]在气象预测领域，预测的时间维度不是按天计算，而是以两周为周期。意识到预测的局限性之后，我们就必须放弃把握所有变量的想法，引入“概率预测”的概念。与单值预测不同，概率预测分配给每个不同结果一个对应的概率。在进行概率预测时，我们不从单个初始变量出发，不追求得出确定结论，而是针对某个随机变量未来所有可能出现的结果估算相应概率，推演可能的发展（见图 1.1）。举例来说，概率预测相当于从不同角度给未来拍照，从细微层面对比拍摄的照片，或许它们差别不大，但将这些照片叠加在一起，就能获得一张未来可能发生情况的概率地图。如果你细心观察，手机上的天气预报对降雨、降雪的预测，都属于概率预测，因为各种气候因素总在不断变化，中午时查询到的夜间降雪概率和下午查到的并不一样。

某一事件未来是否会发生，总有不确定性。评估这一不确定性，本身就是一种重要的预测。我们设想有两种预测方式：第一种告诉你明天肯定会下雪，降雪量为 30 厘米；第二种则告诉你明天可能会下雪，50% 的概率降雪量达 30 厘米，10% 的概率降雪量达 10 厘米，但还有 40% 的概率是不下雪，只下雨。两种预测的结果显然不同，而后者对我们的生活显然更具

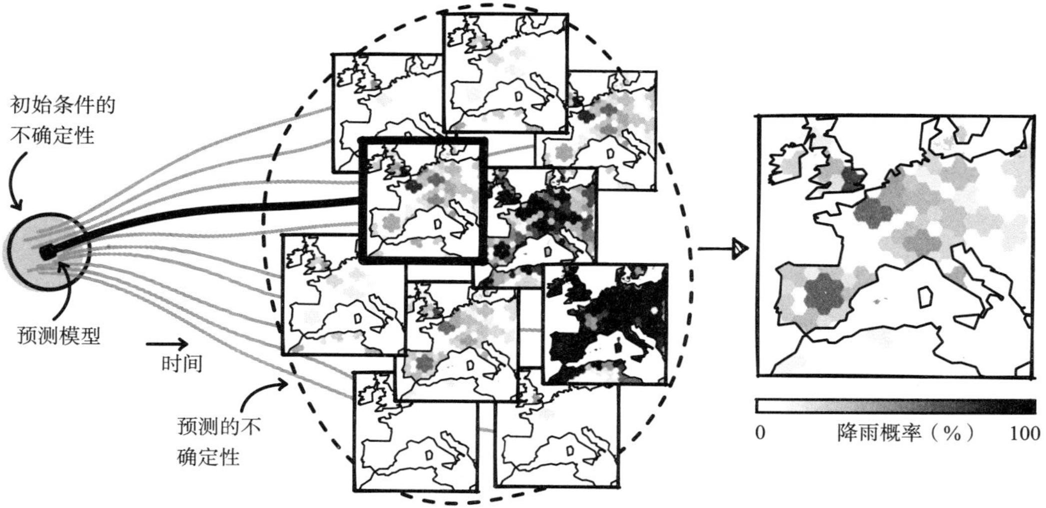

图 1.1 对欧洲中部地区降雨概率的预测。加粗的线条代表一次预测行为，而初始状态上的数据发生的微小波动，会造成最终预测结果具有不确定性。

注：本书插图均由妮科尔 · 萨迈（Nicole Samay）绘制。

参考价值。它为我们的具体决策提供了多种可能性，虽然没有确定的结论，但我们能据此展开评估，选择是否穿雪地靴出门。相比之下，第一种预测并没有给决策者任何选择的空间，这种表面上的确定性在现实生活中不足为凭。当我们接受了概率预测的理念，从概率角度思考问题，对未来的分析就有了多元可能性。

概率预测更注重实践而非概念。当我们描述周围的世界时，总会遇到无法百分之百精确描述的情况。究其原因，或者是因为我们无法掌握足够多精确的信息，或者是因为我们迷失在信息的汪洋大海中。举个简单的例子，假设我们要列出一杯水中所有分子的运动方程式，就要写出和水分子数量一样多的方程式，这样的方程式会有多少？大概有 10^{23} 那么多！因此，穷尽一切可能，有时是不可能的。面对充满偶然性的世界，概率预测是必要且有效的决策工具。

我将在下文中指出，当我们描述具有较高偶然性的事件如何发展时，也要借助概率。比如，在疫情防控期间乘坐公交车是否会感染病毒，这只能以概率论之，无法得出“一定会感染”或者“一定不会感染”的确凿结论，而且这样的结论对我们的决策也没有任何参考价值。

一种新的预测类型

要系统全面地介绍预测科学的发展史，恐怕要另外写本书。本书不准备逐一评价各种预测方式，但仍要指出，预测科学的发展首先受到自然科学的局限，此外也受到社会科学、经济运行规律的影响。

在20世纪90年代，人类社会进入信息时代，这一时代最鲜明的特征便是人与数据的关系。人类活动制造了数据，海量数据同时也在“谈论”人类。这些数据跟踪我们的方位，追踪我们的喜好，识别我们的朋友。它们能实时记录下我们对这个世界的反应、我们的观点，甚至我们生过什么病、吃过什么药，用的手机和电脑是不是最新一代的产品，都会被记录、储存和分析。这些数据都可以在计算机上直接阅读。自第一代计算机诞生以来，经过近80年的更新迭代，今天的计算机通过强大的运算能力执行的算法，已经可以提供非常全面的预测，包括疫情传播、灾害预防，甚至政治选举等社会生活的方方面面。在计算机运算能力的加持下，预测科学进入了我们的私人生活。算法懂得我们的喜好，知晓我们的需求，了解我们的宗教信仰，窥视我们的朋友圈，甚至知道下一轮选举我们会投给谁。算法掌握了我们的生活。我们似乎越来越离不开各类预测——商场打折、卖场促销、求医问药，还有看什么电影、读什么书，这些私人生活的细节，都在算法的预测中。

由于掌握了海量数据，在数学模型和人工智能的推动下，预测科学得到了前所未有的发展，将人变成了“可预测”的“社会原子”。预测科学从起初的蹒跚学步，到今天已是日行千里。这一切并非一蹴而就，而是伴随着成功的惊喜与失败的沮丧。但这趟旅程总在向前，总在打破过去的束缚，超越昨天的极限。算法是我们预测未来的语言，而掌握这门语言的“祭司”注定只是少数拥有专业知识的人。要理解预测如何运行，理解可被预测的世界对我们来说意味着什么，唯一的方法就是走近当代“预言家”，讲述他们的故事，让更多人了解神秘光环下真实的个人。这就是下一章的主题。我们将讲述“人”的故事，但这一次，作为“社会原子”的人因其可预测性，将带给故事另一种讲法。

第二章

鸟群与人群

简化而不简单

如果我不告诉你，你绝对猜不到伯努瓦·曼德尔布罗（Benoît Mandelbrot）是位物理学家。他的个头跟篮球明星差不多，一打开话匣子，总是滔滔不绝。在学术界，曼德尔布罗的确是个大明星，毫不夸张地说，他的名气大到有一次我和他坐飞机出差，机长亲自过来送了瓶香槟。机长告诉我们，大名鼎鼎的物理学家搭乘本次航班，是自己职业生涯的荣幸，他儿子也是曼德尔布罗的粉丝，父子俩经常一起运算曼德尔布罗方程，将分形几何学算法生成的奇妙图案当作电脑的屏保壁纸。高深的分形几何学为一对父子带来如此简单的快乐，这是同为物理学家的我没想到的。就在几周前，我应邀加入了曼德尔布罗的团队。原本我并不想离家那么远，但我的导师鲁奇亚诺·皮耶特洛内罗（Luciano Pietronero）告诉我，一定要拓宽自己的学术眼界，他本人就在国外待了多年才回意大利，到我们学校的物理系教书。他劝我趁早打消在意大利争取稳定教职的想法，并为我争取了美国学术机构的面试机会。当曼德尔布罗方面明确表示我被录取后，我却总也无法下定决心，毕竟离家太远了。就在我举棋不定的那几天，我遇到一位朋友，他当时正准备进军演艺事业。听了我的顾虑后，他斩钉截铁地告诉我："有什么好犹豫的？要是有人告诉我，能和马丁·斯科塞斯这样的大导演拍电影，我却扭捏半天，只是因为觉得洛杉矶太远，你会怎么想？你还犹豫什么？"这番话令我醍醐灌顶。在接下来的几小时内，我买好了机票，收拾好行李，登上了前往美国的航班。

朋友说得没错，曼德尔布罗就是物理界的马丁·斯科塞斯。加入团队前，我就知道他很有名，但后来才意识到，了解一个人的名气和与他共事完全是两码事。在他的团队中工作，我常陷入尴尬或被震慑的状态。当时同在耶鲁大学数学系的很多访问学者都有同感。我们每周都有例行报告会，大家轮流分享研究的最新进展。曼德尔布罗有时也会来，当天的报告人看到他驾临现场，就像莫扎特的歌剧《唐璜》最后一幕中唐璜看到石像的到来，惊恐不已。还好，曼德尔布罗太忙了，要经常出差，不是每个人都有如此"殊荣"。只要曼德尔布罗大驾光临，你就能精确"预测"后来会发生什么。

他会提一连串问题，每个问题都是长篇大论，十有八九都是："× × 博士，你的这项研究在我的某本书里已经提到了……"他这么说，其实未必每次都是实情，他声称自己已发表的研究，兴许只是不太成熟的想法，或者干脆是某篇论文的脚注，可话到他嘴里，听起来就好像报告人的研究乏善可陈，毫无创新。曼德尔布罗说话的风格就是这样，虽然有些不近人情，但没人觉得受到冒犯。被学术界大牛点评，这可是难得的机会，大家都愿意领教他犀利的点评。曼德尔布罗是公认的权威，不过他自己并不迷信权威。

伽利略曾在《试金者》(*Il Saggiatore*) 一书中指出："哲学被写在那本永远在我们眼前打开着的伟大之书上。我指的是宇宙，但如果我们不先学会语言和把握符号，就无法理解它。本书以数学语言书写，符号就是三角形、圆和其他几何图形，没有这些符号帮助，便无法理解它的片言只语。没有这些符号，人们只能在黑暗的迷宫中徒劳地摸索。"

300 多年后，曼德尔布罗在 1975 年出版了著名的《大自然的分形几何学》一书，回应了这位意大利前辈："云不只是球体，山不只是圆锥，海岸线不是圆形，树皮并不那么光滑，闪电也并非按照直线进行传播。那么，它们是什么？它们是简单而复杂的分形。"[1] 这位"分形几何之父"热爱周围世界的复杂性，试图理解各种元素通过互动产生系统的集体行为，这一过程并非简单叠加，用亚里士多德的话说，就是“整体大于部分之和”。

大脑、生态系统、气候，乃至整个社会体系都是复杂系统。人脑由超过 1 000 亿个神经元细胞组成，神经元之间的突触多达 100 万亿个。神经元细胞的互动，产生了人的思想和认知能力，这就是人之所以为人的原因。假设我们仅研究两个孤立的神经元细胞，还原二者所有可能的生物化学反应，就永远无法理解人类的思考、阅读、写作能力。换言之，我们必须从整体出发，研究如此数量级的神经元如何通过互动，产生人脑这一复杂系统的思想行为。

当探讨对社会体系的预测时，复杂系统是必要的起点。每个个体的文化、心理、认知水平、成长环境、社会背景都不一样。地球上 70 多亿人之间产生的人际关系、互动交往以及具有统计学意义的行为中，会涌现出可被预测的元素、集体现象、秩序与混乱。我们能预测某人在音乐、文学、电影方面的品位和偏好，预测下次疫情何时暴发，预测社会对某个灾难事件的可能反应，前提是能用数学公式描述作为“社会原子”的人。从复杂系统科学出发审视人类社会，我们方能明白，人类社会并非某位天才的奇思妙想或某个领袖的乾纲独断造就的。复杂系统提醒我们要切换看待过去和未来的视角。

列夫·托尔斯泰很早以前便提醒我们，历史是复杂的，要避免将历史简化，将历史的运行归结为少数历史人物的“与众不同”。在《战争与和平》中，他写道：“应当承认我们并不知道欧洲各国动乱的目的是什么，我们只知道以下事实：起初在法兰西，后来在意大利，在非洲，在普鲁士，在奥地利，在西班牙，在俄国发生了屠杀事件，西方向东进军，东方向西进军，所有这些事件决定了它们本身的性质和目的。这样我们就无须从拿破仑和亚历山大的性格中去寻求特点和天才，而且不能把他们看得与众不同。同时，我们也无须用机会来解释发生在这些人身上的琐事，而会明白，这些琐事都一定会发生。”

文学家的历史观和复杂系统的原理不谋而合。当我们试图构建数学模型来分析社会现象时，应摒弃英雄主义或例外论的叙述。人类的集体行为往往受到某些进程的决定性影响，而这些进程可以通过数学语言或计算机语言进行描述。正是通过这些数学和计算机模型，我们才能预测未来。复杂系统科学成为执行这些预测的概念支柱。我们通常会将这样的起点视为理所当然，然而更重要的是，我们要仔细拷问这一起点，方能明白，开发预测科学的潜力，我们只不过站在旅程的起点。

在开启通向未来的旅程前，让我们先回到1972年。《自然》杂志在这一年刊登了一篇名为《多者异也》（More is Different）[2]的经典论文，这是复杂系统的奠基之作。我们当然还可以将时间再往前推，但是复杂系统的现代理论正是起步于此。作者菲利普·沃伦·安德森（Philip Warren Anderson）在1977年获得诺贝尔物理学奖。他在文章中指出："将所有事物还原为简单的基本定律的能力并不意味着从那些基本定律出发重建整个宇宙的能力。"水由几十亿水分子组成[3]，在不同温度下呈现不同物态。温度降到0℃以下，水会结冰，超过100℃则会变成水蒸气。但孤立地观察两个水分子，我们无法理解在冰—水—水蒸气的物态变化中，究竟发生了什么变化。只有观察整体，分析大量微观元素的整体互动，方能准确理解物态变化。肉眼无法看到分子，但大量分子混乱无序的运动，最终会引发肉眼可见的物态变化。统计力学便是研究大量粒子（原子、分子）集合宏观运动规律的科学。将物理学运用于对日常生活的分析，这一可能性令物理学家心驰神往。发展出社会体系的物理学不仅会成为可能，还拥有广阔前景。

问题在于，在任何社会结构的内部，个体总是基于自身的认知能力形成决策或评估周围的世界，同时通过互动来管理这一社会结构。社会结构和亿万无生命的分子构成的水流，有什么共性？我的疑问在某个下午豁然开朗。当时我还在罗马上大学。

罗马的交通总是乱糟糟的，开车在路上是车挤车，坐公交车是人挤人，人行道上摩肩接踵，寸步难行。我记得那是一个秋天的傍晚，我走在川流不息的罗马街道上，抬头看天，正看到黄昏起舞的椋鸟。这壮观的景象是永恒之城给匆匆赶路的行人的慰藉。几千只椋鸟像是在一双看不见的手的指挥下，上演精心编排过的“舞蹈”，行动整齐划一。它们时而分开，时而聚拢，从容变换队形。这一现象曾令研究者困惑不已。许多人在看到这一幕时，会直觉地认为鸟群中有首领在发号施令，其他鸟则是紧密跟随。20 世纪 30 年代，英国鸟类学家埃德蒙 · 瑟罗斯（Edmund Selous）甚至认为，椋鸟和谐一致的群体运动只能用心电感应来解释。[4] 难道鸟类真有心电感应？ 1987 年，克雷格 · 雷诺兹（Craig Reynolds）在这一问题上实现了突破。他的成果发布在美国计算机协会计算机图形专业组组织的计算机图形学顶级年度会议论文集上。他开发了模拟鸟类群体行为的计算机模型，这一模型还被运用到了电影《蝙蝠侠归来》中，创造了一大群蝙蝠闯进哥谭市下水道的那一场景。这一计算机模型被命名为Boids——这是对鸟（bird）的一种带有典型纽约口音的叫法。雷诺兹提出，椋鸟整齐划一的集体行动遵循三条原则。第一是分离原则，个体为了避免交叠，会和邻近个体保持一定距离。第二是队列原则，每个个体都要和相邻个体保持大致相同的飞行方向和相近的速度，否则会发生碰撞。第三是聚集原则，每个个体不会离相邻个体太远，否则会被孤立，因此它们会朝某个中心聚集。推而广之，在鸟群、兽群，甚至微生物的集体运动中，个体成员无须协调沟通彼此的行动，在上述三条原则的共同作用下，它们作为整体会呈现出相似的特征。从雷诺兹的模型反观罗马黄昏的椋鸟，我们便完美地解释了这舞蹈动作般的聚散。它们会突然分开，形成若干小分队，又会在绕开某个障碍物后快速聚拢。雷诺兹构建的模型，揭示了群集运动与物理学法则的密切联系。

1995年，匈牙利统计物理学家塔马斯·维泽克（Tamás Vicsek）构建了数学模型来描述集群运动。[5]他认为，椋鸟的集体行为与物态变化有相似之处，每只椋鸟都和邻鸟朝同一个方向飞，如果一只鸟朝右飞，邻鸟也会和它保持一致。他设置了随机噪声这一参数，衡量群体内的个体以错误方式处理相邻个体的信息的可能性。在日落时分飞向夕阳的鸟群解答了我当年的疑惑，理解物理学法则和人类对自然的观察密不可分。雷诺兹和维泽克等前辈的研究显然是具有深远意义的创举。在此之前，在物理学视域下构建社会系统的努力，仍会招致怀疑和反对。科学家的共同努力为我们以新视角审视人类行为奠定了理论基础。同样，即便最稀松平常的人类行为——比如逛商场，也会为我们揭示物理学的魅力。

行人动力学

三人成众，人群和飞鸟没什么差别。这个说法听上去像是故作玄虚，但从物理学角度看，这的确是事实。当我们共同占据某个空间，便形成人群。人群有共同的行进目的地，运动会受到环境因素和个体意图的限制。德克·赫尔宾（Dirk Helbing）却并不满足于这些观察。他先在乔治-奥古斯都-哥廷根大学学习物理和数学，后在斯图加特大学获得博士学位。在他构建的模型中，人群被定义为社会分子，整体运动特征与椋鸟的飞行相似。这位德国物理学家很符合我们对德国学者的刻板印象。他行事沉稳，说话严谨，评价他人的工作时总是就事论事，有时显得不留情面。这种一丝不苟的风格似乎和天马行空的创新精神绝缘。就是这么一位大家口中的“瘦高个儿”，实际上可是位充满洞察力和创新精神的物理学家。在椋鸟飞行的启发下，赫尔宾提出了行人动力学模型。[6] 该模型的基本原理相当简单：第一，每个个体都有自己特定的目的地和行走速度；第二，每个个体除非被迫放慢速度，或是为避免发生碰撞而偏离原路线（比如在市中心和火车站等人多拥挤的场所），否则都倾向于保持原方向和速度不变。这两条基本原理尚未考虑存在个体差异的心理状态或认知水平，但已足以模拟真实的群体行为，比如逛商场。我们知道，商场不会设立指示牌来规定顾客应沿什么方向走，也没有交警在现场指挥，但你会发现，人群起初各有各的方向，但时间久了，方向总会趋于一致（见图 2.1）。当然，这一模型并未将故意跟大家反方向走的人考虑在内。

当然，现实生活中人群的活动方式比这一模型要复杂得多。去大型商场购物时，我们各有各的目的，各有各的习惯。有人要买衣服，有人要去超市，有人直奔电子产品，也有人不是去购物，而是去看电影，还有人只是去咖啡馆喝一杯咖啡。有人是跟朋友一起来，有人是跟家人一起来，也有自己一个人闲逛的。有人步履匆匆，有人步履悠闲。不过，有一点是相同的——没人愿意跟别人迎面撞上，或是被人拦住、受人打扰。

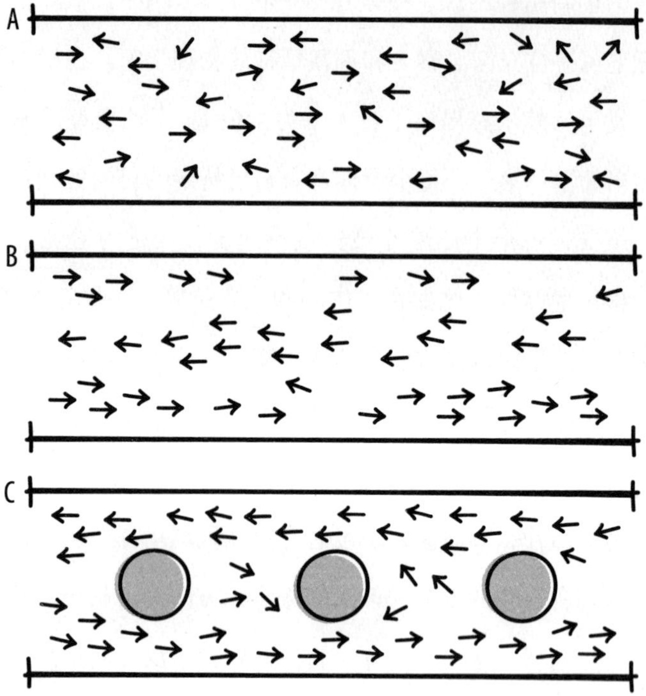

图 2.1　起初，商场中的行人步行方向杂乱无序，如图 A 所示；渐渐地，人群开始分流，趋势十分清晰，如图 B 所示；大型商场的障碍物实际起到了引导人群有序行走的作用，如图 C 所示。

这就是人群在行进中自发组织路线的两条基本原理。赫尔宾的模型原理简单明了，准确抓住了以上两条。虽然每个行人都是差异化的个体，但似乎被赋予了一种集体智慧，得以制定出避免碰撞或被迫降速的最优方案。人群似乎配有雷达，联通了集体中的所有个体，引导大家在不撞到他人的情况下，抵达各自的目的地。商场行人的自发行进路线再次向我们揭示，无须个体之间的集中协调，集体行为本身就能自发涌现。

受商场行人路线的启发，赫尔宾开始通过数学模型研究更复杂的现象，如密闭空间的人群如何快速疏散。[7]他指出，恐慌情绪（而非人群的平均移动速度）会影响行进速度，干扰方向判断。一旦产生恐慌情绪，人群会很难快速找到出口。此时，人群的疏散模式与流体力学高度相似。简言之，当速度放慢时，人群的行进反而更灵活，这就是“慢就是快”的道理。如果个体全部提速，会造成碰撞和踩踏的混乱局面，反而是“快就是慢”。赫尔宾由此提出，如果人群产生恐慌情绪，应及时干预行进速度，确保更多人抵达安全出口。赫尔宾在计算机上进行的模拟实验，在现实生活中也得到了有效运用，比如在公园、博物馆等公共空间如何进行人群疏散。人群的行进，表面上看是群体自发组织的行为，但我们可以据此有针对性地改善公共空间布局，还可以在音乐会、游行等人员聚集的场合制定优化的疏散方案。1990 年，在麦加朝圣时，通向米纳城附近的加马拉桥隧道内发生了恐慌踩踏事件，造成数千人丧生。为避免类似悲剧重演，赫尔宾还受邀制定了朝圣者行进路线。今天，这位乔治-奥古斯都-哥廷根大学毕业的物理学家供职于苏黎世联邦理工学院人文、社会与政治科学系，是一位专攻计算机模拟的社会科学家。这样的多重标签证明了多元学科发展的丰富可能。个体间当然会通过简单的互动彼此影响，而互动的集体效应才决定了大众的社会行为，这种社会行为与个体成员的认知水平、心理因素并没有关系。

隔离与数学

赫尔宾的行人动力学模型并未考虑差异化的个体心理和认知水平。实际上，当我们运用物理学研究社会系统时，物理学之外的复杂因素仍不容忽视。当我们的思考进入社会学领域，研究更微妙的社会问题时，势必会遇到更多问题。比如，不同人群共同认可的社会法则究竟有哪些？各地区存在差异的税收政策如何在研究中体现？此外，涉及个人隐私、宗教信仰的问题显然就更棘手了。要展开针对这些问题的讨论，我们应找到一个最大公约数，也就是社会契约，可这谈何容易。缺乏对某个监管体系的集体认同，这样的社会契约只能是海市蜃楼，而这种认同取决于人类历史上哲学和政治思想的演变。

20 世纪 70 年代末，复杂系统科学开始涉足社会问题。托马斯 · C. 谢林（Thomas C. Schelling）构建了隔离模型来解释社会隔离现象。2005 年，他将诺贝尔经济学奖收入囊中。谢林的思考同样从20世纪70年代出发。当时城市中的隔离现象凸显，这不仅是政治家着力应对的问题，也引发了科学家的思考。举例而言，纽约的唐人街是华人聚集区，与唐人街毗邻的“小意大利区”则是意大利移民扎堆生活、做生意的区域。这种族群集聚现象在许多城市都已见怪不怪。究其原因，城市生活具有内在趋势，将同一种族、拥有相同文化背景、属于同一社会阶层，甚至政治观点接近的人群聚拢，形成共同体。社会学界据此提出了“同质偏好”的概念，指出个体和与自己相似的人群交往的倾向，所谓“物以类聚，人以群分”。然而，“同质偏好”的另一面是严重的社会问题。许多美国城市都发生了“白人大迁移”，即中产阶级白人搬离城市，到市郊定居。这进一步导致了城市的贫民窟化。原因显而易见，穷人没有选择的能力，只能被迫留下。这一现象在美国越来越普遍，甚至成为我们观察某城市在特定历史时期种族和经济问题的重要指标。

造成同质偏好、白人大迁移的原因是多方面的。谢林告诉我们，将此问题简单归因于种族问题，并未触及问题的本质。他构建了简单的数学模型来阐明观点。[8] 在该模型中有两类人，我们用红色和白色区分，也可以用字母O和X区分。谢林想象，在系统内部，个体排列成行，一个紧挨一个（见图2.2）。

我们不妨设想有一群人坐在长桌前共进晚餐。假定每人都希望有一定比例（设定为F）的同类（可能是爱好接近，或是同乡、同学等有亲近关系的人。在这一简化模型中，不考虑对“同类”的判定标准）坐在身边。每人坐定后，会观察左右两边相邻的4个座位，如果同类的比例低于F，则此人会感到不自在，于是会自发向旁边挪动。只要还有一个人感到不自在，大家就会一直换座位。在这一过程中，每个人都“各自为政”，不与任何旁人沟通，也不知道其他人会怎么做。这一简单模型，产生了令人惊讶的结果。假设F为50%，大家起初的座位安排相对混杂，模型会自发产生“人以群分”的明确布局（见图2.2中的图B）。

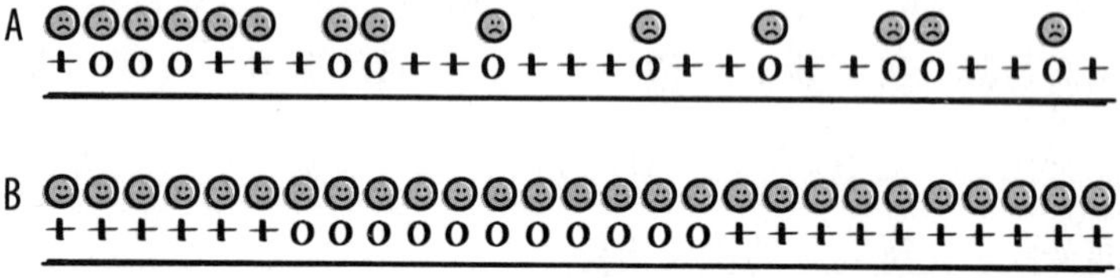

图2.2　谢林构建的简单模型，证明了当个体只是追求在其左右相邻的4个座位出现50%的同类时，隔离现象会如何自发产生。在图A中，个体因诉求未被满足而存在不满情绪，于是每个人都依次移到右边第一个满足条件的座位，如此反复，直到所有人的诉求都被满足。从图B可以看出，尽管宽容度为50%，系统还是会自发地演进出隔离现象。

谢林随即将这一单排模型扩展到二维棋盘格空间，其中每个个体都占据一个棋盘格，这象征着居住在某一区域的个体。在这种情况下，每个个体周边的邻居数量会从 4 增至 8。在棋盘格中，个体同样在起初随意分布，经过自发移位调整后，“人以群分”的状态会一直保持到 F 降至 1/3 时，这一数值表明个体已有较高的宽容度，能接受与自己生活在同一社区的人大部分是“异类”。然而，随着这个模式的演进，最终还是会导致同类聚集的结果。换句话说，“人以群分”是人类本来的天性，而个体的天性不可避免地导致社会层面的隔离现象。需要指出的是，谢林在解释人群这种“择邻而居”的现象时，仅使用了一种特征界定同类，并未将经济水平、文化差异、宗教信仰等因素考虑在内，但这并不影响这一模型的理论价值。我们因此明白，复杂的社会现象是能够以线性、简约的方式进行描述和分析的，个体行为并不足以改变集体行为。

网络

近几十年来，如何理解集体行为，是我们运用物理学解读社会现象的关键。物理模型能否真实反映现实生活，值得进一步思考。在建模过程中，许多参数都是理想值，可在现实生活中，人与人的互动并非在乌托邦式的棋盘上展开，而是具有很大的偶然性。1998年，邓肯·瓦茨（Duncan Watts）和史蒂夫·斯托加茨（Steven Strogatz）联合发表于《自然》杂志上的论文将该问题推进了一大步。[9] 该文开启了这一领域的新时代，作为多学科交叉领域的网络科学由此诞生。文中指出，三个人在社交网络中是共同朋友的概率，一般来说要远高于随机事件产生联系的概率。为了打破之前的模型的局限，瓦茨和斯托加茨提出了一种新的网络模型，它能够产生大量的三角互动关系（见图2.3），与此同时，在这一网络中，仍然可以加入随机的节点，来模拟现实生活的随机性本质。两位科学家提出的模型成功解释了“小世界效应”，又称“六度分隔理论”：世上任何两个人之间最多只需通过六层关系便能建立起联系。简言

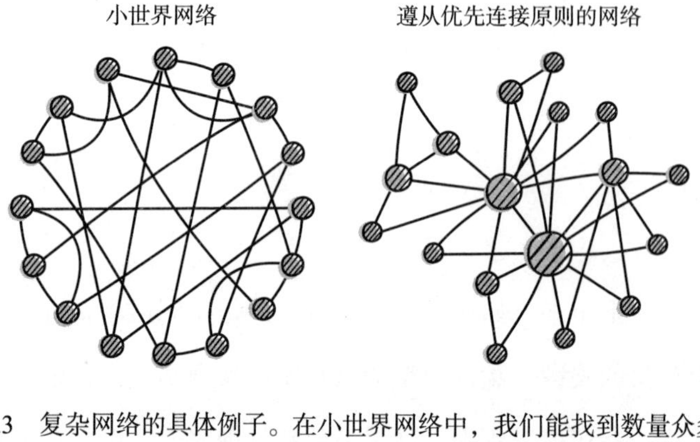

图2.3　复杂网络的具体例子。在小世界网络中，我们能找到数量众多的三角关系，直观地认识“我朋友的朋友就是我的朋友”。在遵从优先连接原则的网络中，我们注意到，有的节点拥有的连接数较多。

之，就是“我朋友的朋友就是我的朋友”。

不出一年，艾伯特–拉斯洛·巴拉巴西（Albert-László Barabási）和雷卡·阿尔伯特（Réka Albert）两位科学家再次实现了革命性突破。他们建立的 B-A 模型（以他们的姓氏首字母命名）进一步解释了人与人之间究竟如何建立联系。[10] 该模型基于两个前提假设。第一是生长机制，即网络随着时间推移会不断产生新节点，网络中的新节点不论是社交网络中的人，还是互联网中的计算机，都要决定自己与谁建立联系或产生互动。第二，加入的新节点倾向于与有更多连接的节点相连。设想一下，我们在工作中都愿意结交更有影响力的同事。小时候我们都想和班上最受欢迎的同学交朋友。人际关系如此，基建网络同理。新建成的小型机场，肯定特别愿意和航运网络中的大型机场建立直飞航线，这意味着从小型机场搭乘航班的旅客在出行上有更多元的选择。这就是所谓的“优先连接原则”，新的节点总是会优先考虑已经有较多连接的节点。在一个网络中，多数节点只拥有少量连接，而少数高级节点在网络运行中发挥了主导作用（见图 2.3）。在一个网络中，每个节点的平均连接数为 4~5 个，但节点分布也遵循帕累托法则，即不到 20% 的节点拥有超过 80% 的连接。巴拉巴西和阿尔伯特的研究因此打开了网络科学的大门。

直到今天，我还清楚地记得第一次跟同行（尤其是物理学的同行）饶有兴致地讨论上述研究的情形。大家都觉得这些论文的观点新奇有趣，这是毫无疑问的，但似乎不过是我们已经习惯的那些正常的网络结构的有趣变体。随着这些论文被不断讨论，我们意识到它们对理解复杂系统的集体行为具有深远意义。当我们将谢林模型运用于社会研究时，会意识到物理学中的原子与社会中的个体遵循着相似的机制。以物理学的视角审视社会，两个原子组成分子的概率就是社会中两个个体在“磁场”吸引下成为朋友的概率：同被某个磁场吸引，则相当于公民达成了某种政治共识。然而，尽管这些相似之处确实令人着迷，我还是有意犹未尽的感觉。说到底，现实世界仍然像一面棋盘，约束着我们的生活，现代网络理论打破了这些边界，敞开了通向可感知世界的大门。巴拉巴西和阿尔伯特的研究启发了众多后续研究，证明了网络的复杂系统正是真实系统的基础，从基建网络到疫情传播、信息流动、互联网和社交网络，都离不开复杂系统的模型。[11]

网络理论与复杂系统科学在预测科学领域占据中心地位。我们周围的世界内在联系越来越紧密、全面，它们是为预测世界的模型打开大门的钥匙。

然而，要将观照世界的新视角转向预测，我们还需要数据与测量。预测要立足于现实本身。预测模型离不开实验与观察，离不开数字和统计学。可我们又如何测算几百万人的流动，如何将他们的喜好、社会关系以数据呈现？

这似乎是一个不可能的任务。但进入 21 世纪，一场新数字风暴带来了海量的数据，将预测推向了新境界。

第三章

数据、算法与预测

数据化

如果你已经过了35岁生日，你肯定忘不了20世纪90年代坐飞机出趟远门有多麻烦。单单是预订机票就堪比古希腊英雄奥德修斯的漫漫归途，你甚至要自比走在受难路上的耶稣。一番折腾不说，还要浪费大量时间。你要推开某家专业旅行社的门，柜台那端有业务员帮你选择，他要打电话确认好座位，再往你手里塞一沓密密麻麻的材料。这些材料对你来说几乎是神圣的，这趟旅行的所有信息都在上面，预约码、转机信息，如果还有回程票，你要把信息抄在小纸条上，小心翼翼地贴在上面。万一这沓纸丢了，这趟出差或出游可能就泡汤了。

我的读者中一定也有不到35岁的，那么上面这些经历你也许从未体验过。今天，我们的体验是数字化的、快捷的、孤单的。我们只需用指尖轻轻点击，游走于各个页面，对比十几个航班的时间、票价，就能轻松选好最适合的那班。不出几分钟，我们就会收到一封邮件，登机所需的所有文件都在上面。到了机场，我们只需打开智能手机，将信息展示给有关人员就可以了。在 1986 年，92% 的数据都通过模拟电路存储，到了 2007 年，存储方式已发生了逆转，94% 的数据已数字化。智能手机和笔记本电脑已经可以“运行”我们日常生活中的大部分活动：买书、买衣服、买电影票、餐厅订位，都是小菜一碟；安排出行，查询银行账单，操作复杂的金融业务，也不在话下。要知道，就在前几年，不去专门的网点营业厅，根本无法办理相关业务。生活变得如此简单，这是事实，但只是事实的一个方面。我们并未从根本上意识到，这些操作大部分会留下痕迹。通信服务商的服务器会一刻不停地记录我们的偏好、行动轨迹，甚至我们的社交习惯。我们的电脑像个保险箱，保管了我们的生活信息。布莱恩 · K. 沃恩（Brian K. Vaughan）在漫画小说《私家侦探》（*The Private Eye*）中想象了 2076 年的洛杉矶，如果他的想象成为现实，我们会看到人们的“病历、信用卡账单、密码、评论、上网浏览记录、脸书上的照片、亚马逊网站的书评，甚至是酒后失态发给前男友或前女友的可怜兮兮的短信”从天而降。这些数字化碎屑的聚合，就是科学家处理、分析的社会经济数据，其体量之大，还是人们几年前不可想象的。

新技术的发展和数字化带来的变化，一言以蔽之，即数据化。今天，我们生活中的每一条信息，都是一个数字数据，因此我们可以存储它、分析它，进而将社会的微小面向置于算法的显微镜下。2004 年，三名研究者发布了一项关于美国青少年社会关系的研究，分析了青少年群体的性行为，旨在预防性病等传染病的传播。该研究以美国密苏里州杰弗逊城某高中的学生为对象，采集了 1993—1995 年三年的数据，展开了为期 18 个月的问卷调查和电话采访。[1] 到了 2008 年，这一传统的研究方式已经落伍了。法国科学家阿兰 · 巴拉（Alain Barrat）和意大利科学家奇罗 · 卡图托（Ciro Cattuto）合作发布了“社会模式”（SocioPatterns）项目，颠覆了社会学研究的传统数据搜集方式，也改变了我们观察生活的方式。[2] 该项目的核心技术是射频识别（RFID），通过相互间可传递信息的传感器搜集信息，便捷地记录两个人在同一间办公室工作或日常交谈的时间。此类信息可用于自动识别人际关系的频率与种类。我还记得当巴拉和卡图托向我展示这一设备时，我有多么惊讶。这个微型传感器只有一张信用卡大小，只需要有 Wi-Fi 就可以记录下数据。2018 年，两位同行将最新一代传感器展示给我看，只有 1 欧元硬币大小。它不仅小巧方便，造价更低，而且功能更自动化。

这意味着实验成本大大降低了。今天，研究人员可以将设备寄到偏远山区，甚至寄到非洲肯尼亚的农村地区，而 20 世纪 90 年代的同行不仅要依靠田野调查，还未必能搜集同样多的信息。通过技术上的飞跃，“社会模式”项目成功追踪并掌握了成百上千人在各种社交场合（在医院就诊、在学校学习、参加研讨会）的数据。

有一年，这个小设备还现身于都柏林的科学美术馆。[3] 每个进馆观众都会领取一个传感器。在为期三个月的展览期间，共有 30 000 名参观者参与这一实验。每隔几秒钟，巴拉就能搜集到这些人之间的直接接触数据。如今，追踪每个人的行动轨迹，甚至具体到这个人每天都遇到谁，这一切已经不再是幻想。由此产生的大量可分析数据，将社会学研究向前推进了一大步。各类社交网络制造了如海啸般的数据浪潮，在退潮时，我们生活的秘密在算法的显微镜下一览无余。

我们与互联网的关系从未如此密不可分。我们的想法、喜好、朋友圈和社会关系，都会上传到社交平台上。这些数据是我们对私人生活的随手记录，我们将它们提交并保存在开放的公共空间。正因为存储方式的公共属性，我们得以浏览数百万人的想法。推特上的每条推文好比信息海洋上的漂流瓶，我们的关注者采集漂流瓶，读取信息，又将它们扔给自己的关注者。一则推文的字符数最多为280个，对计算机的运算来说，这一长度再合适不过。通过对大量推文的分析，我们可以了解人们对特定事件（政治、经济、社会、文化等）的共同感受。对脸书的点赞行为进行统计分析，也有相似的功能。大量的点赞行为表达了脸书用户群体的共同情感。如果将脸书这一社交平台视为一个虚拟的国家，在2018年，这个“国家”的人口已突破20亿。[4] 在现实生活中，如此海量的数据足以支撑任何研究，它们在互联网上自由流动，被恰如其分地称为“数据流”。举例来说，我们研究团队只需跟踪来自推特的若干太字节[①]（terabyte，缩写为TB）的数据，就能绘制出在美国得克萨斯州出现第一起埃博拉病例（在2014年9月确诊）后，恐慌心理在网络上的地理分布。我们还能通过对某一话题（比如“#埃博拉”指的就是埃博拉病毒这一话题）展开检索，获得公众对该话题相对准确的反应。2018年，时任美国总统特朗普提名布雷特·卡瓦诺（Brett Kavanaugh）为最高法院大法官，在漫长的听证阶段，卡瓦诺身陷性侵指控，成为当年美国社会的焦点新闻。要分析社会舆论对该事件的反应，我们可以检索“#kavanaughconfirmation”（#卡瓦诺听证会），就能获得很直观

① 1太字节等于 2^{40} 字节。——编者注

的数据。[5]

海量的新数据和便捷的检索手段，使社会学家能对社会的群体心理展开持续跟踪。美国佛蒙特大学复杂系统中心的两位应用数学家克里斯·丹福思（Chris Danforth）和皮特·多兹（Peter Dodds）在2008年底开发了一个专门系统，在网络上追踪公众情绪（见图3.1）。他们将这一系统命名为“快乐测量仪”（Hedonometer），以此向英国统计学家弗朗西斯·埃奇沃思（Francis Edgeworth）这位前辈致敬。根据埃奇沃思当年的设想，这是一个“能持续记录个体体验到的快乐强度的理想化完美工具”。

丹福思和多兹的快乐测量仪每天能分析超过100吉字节[①]（gigabyte，缩写为GB）的数据，相当于5 000万条用英语创作的推文。不过，如此海量的数据仅仅相当于社交平台每天发布的信息总量的1/10。这5 000万条推文的数据量构成了算法的数据库，快乐测量仪通过截取关键词，对推文进行语境化处理，综合评估后给出分值。要得出全部推文的“幸福指数”，平台就要测算海量信息中所有关键词的出现频次，最后每个关键词都会得到分值在1~9的幸福指数（其中1代表悲伤，9代

① 1吉字节等于2^{30}字节。——编者注

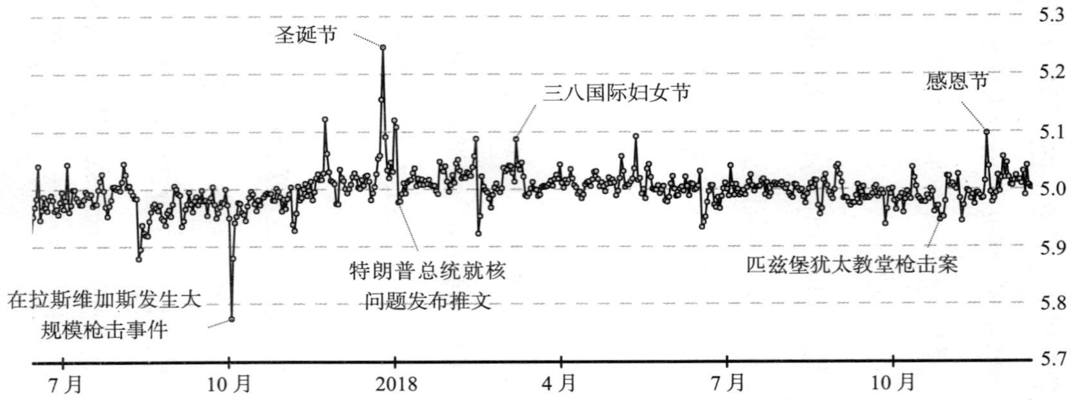

图 3.1　快乐测量仪通过对超过 5 000 万条推文进行分析，评估美国公众的集体情绪（从 2017 年 7 月到 2018 年 11 月）。我们可以看到，政治事件、经济事件、国家节日和气象灾害都会实时影响快乐测量仪的指数。

表幸福），最后得出一个整体的幸福分值，即所有被选定的关键词的平均分。如此，计算机能够将“平均心情”分配给每一天，从而判断这一天的幸福程度。此外，拥有如此海量的数据，我们还可以进行“量身定制”的研究，针对某个特定话题或特定的社会焦点人物，分析与之相关的社会幸福指数。如前所述，数据的庞大体量是研究得以展开的前提。不难想象，如果初步检索只能得到几百条相关句段，定量研究根本无从谈起。在研究庞大而复杂的社会经济体系的运行时，我们势必要处理越来越多的数据，这就是“大数据”。

“大数据”精准概括了我们正经历的数字革命的精髓，但这个词已经被滥用了，有必要给出更精确的定义。所谓大数据，多“大”才算“大”？我们知道，计算机进行数据存储的基本单位是字节（byte，缩写为 B），位于日内瓦的欧洲核子研究中心（CERN）的实验室几分钟内就能产生 10^{15} 字节的数据。天文实验和射电望远镜的实验则能产生日均 10^{18} 字节的数据。

相比之下，脸书用户每天上传的 500 太字节的数据只是九牛一毛。从这个角度出发，近年来许多持续跟踪技术领域发展的专栏作家都在试图定义“大数据”的门槛。有人认为，至少要达到太字节，才算得上大数据；也有人认为，要达到拍字节[①]（petabyte，缩写为PB）才算大；也有学者认为，测量单位要根据数据处理的技术发展而定。有学者提出“3V”原则，即容量（Volume）、速度（Velocity）和多样性（Variety）。顾名思义，首先，大数据要容纳大量信息。其次，这些数据要能实时获取与分析，过时的信息或者经年累月积累的大数据不符合时效性，意义必然大打折扣。最后，数据应体现多样性，单一数据的大量堆砌会导致分析结果失真。“3V”原则道出了大数据的本质。通过设定某个数字门槛来定义“大”，恰如水中捞月，不得其法。大数据的真正价值其实是“新”，庞大的体量不仅意味着可供支配的数据更多，还意味着有待分析的信息变多了。举个简单的例子，一个只有几百名人口的小城市的居民一天的活动数据，相比欧洲核子研究中心产生的数据，简直不值一提，但相比几年前只能靠追踪几十个人获得的数据，已经是10万倍之多。

在科学家看来，大数据拓宽了我们的学术视野。曾几何时，我们不敢奢望有一天能处理如此海量的信息。如今，数据的获取可谓易如反掌。我们能追踪数百万人口的移动，在此基础上分析如何改善城市交通。我们能通过大数据研究人际交往正经

① 1拍字节等于2^{50}字节。——编者注

历哪些变化，公众的音乐品位、社会文化潮流发生了怎样的改变，甚至可以沿着时间维度追踪社会阶层的时代变迁。截至 20 世纪 90 年代，科学家还不得不使用相当简化的模型，如今在海量数据的推动下，分析模型越来越精确、翔实。从这个意义上说，大数据为人类的知识机器注入了新燃料，在此之前，这台机器只能停在我们的车库里。

数据与预测

美国人安德鲁·波尔（Andrew Pole）的故事是我们这个时代的缩影。2002 年，波尔被美国排名仅次于沃尔玛的连锁超市塔吉特（Target）录用，这是他的第一份工作。入职不久后，市场部的两名同事给波尔出了道难题："如果孕妇本人不想主动告知，我们怎么才能知道她怀孕了？"波尔很快明白过来，这个奇怪的问题其实目的性很明确。问题的实质是锁定客户群体，将特定广告或促销信息投放给处于妊娠中期，即怀孕满 7 个月的孕妇。为什么要尤其关注她们？因为准妈妈们到这个阶段会开始购买摇篮、纸尿裤、连体衣等新生儿用品。因此，如果准妈妈们不告诉超市，超市就要设法掌握这一信息。

要解答这一问题，就进入了预测领域。波尔拥有经济学和统计学双硕士学位，从小就喜欢琢磨数字，喜欢用数字象征人的行为。面对同事出的难题，他决定放手试试。首先，他从准妈妈们自愿在超市登记簿上留下的预产期入手，这些信息是研究的起点。他观察到，随着预产期一天天临近，孕妇的消费习惯会发生变化，由此进一步确定了目标人群的共同特征。怀孕头三个月过后，孕妇会购买大量无味润肤露，进入第 20 周，会开始购买镁、钙、锌等复合维生素片。随着预产期越来越近，采购清单中除菌香皂、纸巾、棉签等用品也开始变多。在弄清楚准妈妈们共同的消费习惯如何变化后，波尔整理出了一份包含 25 个产品的清单，这些产品就是他给未来目标客户打分的依据，得出的数值对应她们的怀孕周数。如此一来，准妈妈们将在哪天分娩，波尔也能给出预测，误差控制在两三周。在波尔的研究基础上，塔吉特超市总能在准确的时段“及时”给孕妇寄去她“正好”需要的优惠券。

塔吉特超市甚至比女孩的父亲还了解她的私人生活。波尔的成功预测在 2012 年给塔吉特超市制造了一桩不小的社会新闻。[6] 根据《纽约时报》报道，一位父亲发现自家信箱里出现了尿不湿广告，收件人居然是还在上高中的女儿。愤怒的父亲直接闯进了位于明尼阿波利斯市的塔吉特超市办公室：“我女儿还在上高中，你们就给她寄尿不湿广告？你们是想鼓励她怀孕吗？”我们完全理解这位父亲的心情。不过，据说他后来向超市道歉了。就在他火冒三丈后不久，他发现女儿真怀孕了。他尴尬地发现，超市的确比他更懂女儿。

波尔的预测是侵犯个人隐私吗？其实不然。所谓“客户分析”，正是对顾客的行为数据进行分析，这是商场确定打折力度、定制个性化服务和广告促销的决策依据。办会员卡是一种重要的营销手段，也是搜集数据的重要方式。所有连锁商店都会积极为客户办会员卡。你现在打开钱包看看，我敢说里面至少有一张会员卡，不是超市的就是电影院的，我没说错吧？一旦成为超市的会员，你就能以更优惠的会员价购买部分商品，还能经常赶上促销活动。会员卡表面上是商家对顾客的回馈或奖励，实际上是商家派出的“特洛伊木马”。通过会员卡进行的消费更容易被追踪，便于商家分析消费数据。换言之，会员卡的主要功能就是绑定消费行为与消费主体，打造消费记录和消费习惯的数据库。通过会员卡，每位顾客都成了与“购物篮”（market basket）相关联的数据。在积累一定量的数据后，商家的算法就能预测顾客的需求，在顾客意识不到的情况下“唤醒”其需求，比如在适当时机推出打折促销活动。

办会员卡毕竟遵循自愿原则，商家需要引导、说服顾客办理。但对数据服务业巨头来说，甚至这种说服工作都是多余的。当你在谷歌上搜索资讯时，总会留下一串数据，包括你搜索了哪些关键词、何时何地进行的搜索、你的 IP 地址等。算法筛选数据后，会将用户进行分类：男性还是女性，年轻人还是老年人，同性恋还是异性恋，甚至是不是名人。这样的分类未必每次都准确，但算法总能不断获取新数据，不断优化自己的处理结果。打个简单的比方，这就好比我们衣服的尺寸一直在变，优秀的裁缝自然懂得与时俱进地量体裁衣。算法对我们的分类，定义了我们在互联网中的身份。这种分类是静悄悄进行的，尽管我们在上网时并未意识到，但它还是在默默塑造着我们的世界，定制我们在网上看到的内容。谷歌能够给我们提供特定的检索结果，这是因为它的软件对我们进行了分类。基于用户分类，中年男子和年轻女性的检索结果并不相同。当我们转换战场，会发现这就是谷歌、脸书征服或者说改变了广告业规则的秘密武器。

大数据的运用领域当然并不限于市场营销。2009 年，我正带领团队研究季节性流感的预测模型，每周都会抽时间看《自然》杂志。有一天，有篇文章引起了我的注意，正是这篇文章为公共卫生领域带来了革命性冲击。[7] 流感并不会造成公众恐慌，得流感几乎是人们在冬天的一种“常规操作”。但从经济角度说，季节性流感为医疗体系造成了不小的负担。每年流感导致的死亡人数虽然相对其他严重疾病而言不算多，但仅在美国，每年致死病例也在12 000~80 000个，从绝对数值来说并非小数目。[8] 从预测科学的角度说，季节性流感属于最难预测的疾病之一。美国疾病控制与预防中心的周报《流感观察》反映了确诊病例数的变化曲线，提示全美医疗系统从每年12月到次年3月间流感人群将达到峰值。但《流感观察》的明显缺陷在于无法进行预测。美国疾病控制与预防中心要从3 500多家医院搜集数据，继而筛选、整合与分析，这导致进度过慢。因而，《流感观察》只能起到总结性周报的作用，到下一周再对上一周的数据进行修正，其数据归档功能远大于预测功能，而医疗机构和决策者更关心的是对流感近期传播趋势进行预测，如此方能及时应对。而在这篇文章中，谷歌的科学家提供了一种革命性的预测流感趋势的工具——“谷歌流感趋势”（Google Flu Trends，简称GFT），通过分析数百万次搜索中与流感相关的关键词，能比美国疾病控制与预防中心提前两周预报流感的发病率。其算法的基本原理并不高深：流感病例数量激增，必定导致相关搜索增加，如流感症状（嗓子疼和关节疼等）、特效药等关键词的搜索量都会激增。通过图表呈现相关搜索的走势，就能得出流感的未来趋势。

当然，实际操作要复杂得多。首先，算法必须通过对文本和用户搜索进行分析，精确识别具有流行病学意义的关键词，方能完成有效的数据搜集。比如，“马流感”也是“流感”，却是无关信息，而“小儿退烧药”这一关键词，就能精确提示我们，电脑另一端有个无精打采的孩子和焦虑不安的母亲。其次，谷歌搜索的次数显然不等于患病人数。流感袭来，有人选择卧床休息，不上网查相关治疗措施，但也有人很谨慎，哪怕普通感冒也如临大敌，在网上不停搜索，反复确定症状。由于人们的搜索习惯存在个体差异，为保证预测的准确性，我们就要对比最近几年《流感观察》提供的历史数据和谷歌搜索形成的当下数据，明确谷歌搜索数据与实际患病人数之间的关联。通过向历史数据学习，“谷歌流感趋势”就能大大提高预测准确率，比美国疾病控制与预防中心提前一到两周预报流感人群的比例。

谷歌公司的科学家在获取数据这方面显然拥有天然优势。“谷歌流感趋势”实现了预测模式的巨大突破，这是利用大数据进行预测的鲜活案例。我们不妨发散思维，谷歌能做到的，推特也能做到。通过搜索推文，看多少用户发推文更新病情，就能整合、分析相关数据，进行相似的预测。同理可证，既然能预测季节性流感，当然也可如法炮制，修改关键词，预测其他疾病。进一步推而广之，这一算法还能用于经济、人口、城市发展等方面的预测。

受到“谷歌流感趋势”的启发，《连线》（*Wired*）杂志总编克里斯·安德森（Chris Anderson）发表了著名的文章《理论的终结：数据洪流淘汰了科学方法》（The End of Theory: the Data Deluge Makes the Scientific Method Obsolete）[9]。安德森指出，谷歌公司以数据的洪荒之力改变了传统广告业。今天，谁还会在乎广告业的旧传统，海量数据和强大的算法可以打败任何传统理论。

安德森的论文不啻一篇檄文，它宣称要放弃传统方法。一直以来，科学家总在强调，不能仅通过两个事件的相关性就得出结论，但是安德森认为，在研究人类行为、语言学、社会学等方面，“相关性已足够”，不必执着于弄明白人做某件事情背后的深层原因，只要找到模式、理论就够了。我们将数据提供给算法，算法自会明确其中的范式与联系，从而做到分类、建立关联和对现象进行预测。在文中，安德森向读者发问：“科学能从谷歌那里学到什么？”这个问题无异于给科学界的一记重拳。

我们在后面的章节将会提到，如此具有挑衅意味的问题实际上缺乏严谨论证，但安德森的确擎起了一面大旗，提示我们这是一场无法忽视的革命。值得指出的是，安德森仅提到数据本身，尚未预言人工智能及其算法时代的到来。文章发表几年后，我们都明白了，人工智能及其算法已经是我们的世界运转的重要支点。尽管我们未必时刻都能意识到这一点，但今天的我们无时无刻不在和人工智能打交道。当我们通过谷歌查找资料，上网听歌，分享照片给家人和朋友，这些行为都是人工智能通过智能手机的协助完成的。在每次互动中，人工智能都能不断学习并优化自身。当数据实现了数字化存储，便可以运用算法分析和处理数据，而算法又通过数据来改善与我们的互动。这一表述简明易懂，而正是简明的法则运行了我们身处的复杂世界。

机器学习

人工智能是个宽泛的概念，指使用计算机模拟人类的认知功能，诸如计算机视觉、机器人、电脑游戏、自动驾驶和无人机等技术，都属于人工智能的范畴。人工智能最重要的概念是模仿。机器学习（自动学习）、神经网络、自然语言处理、深度学习等关键词，都因拟人化的表述，常造成我们的误解和困惑。“人工智能”这一名词，往往会让我们误以为机器能思辨、具有自主意识，甚至有同情心等复杂情感。这当然是误会。究其本质，人工智能是运用数学和统计学等手段来表达复杂的人类行为的算法。

人工智能的历史可追溯到1950年。艾伦·图灵（Alan Turing）[10]在这一年发表了著名的论文《计算机器与智能》，提出了“机器是否能思考”的问题。今天，这是个价值百万美元的问题。图灵指出，要回答机器是否能思考，应首先清楚地定义“机器”和“思考”两个词。1956年，约翰·麦卡锡（John McCarthy）和马文·明斯基（Marvin Minsky）[11]发起了达特茅斯人工智能夏季研究项目（Dartmouth Summer Research Project on Artificial Intelligence），试图回应图灵提出的问题。这是人工智能发展史上的首次盛会，信息科学领域最聪明的头脑济济一堂。麦卡锡在会上给出了他的定义，称人工智能是“令机器具有智慧的科学和工程学”。不难看出，麦卡锡在学术上给出的定义远未回答图灵的提问。

当我们回顾人工智能的发展道路，往往只注意到一次次突破性的成功。实际上，人工智能不光经历过振奋人心的高光时刻，也曾陷入悲观的低谷。曾几何时，科学家提出的宏伟前景和远见卓识虽走在时代前列，却因遭遇技术和概念上的瓶颈折戟沉沙，止步不前。乐观情绪还会滋生不理性的期待。曾有人放言，“不出二十年，机器就能从事人类从事的任何工作”。这个说法显然过于乐观了。人工智能在发展初期便品尝到了失败的苦涩。20世纪60年代末，美国政府发布了一份报告，悲观地认为，与人工翻译相比，机器翻译成本更高，速度更慢，错误更多。但这种悲观的情绪在进入21世纪之后烟消云散。随着计算机运算能力的突飞猛进、数据的几何式增长以及理念的不断更新，人工智能的发展开始一路凯歌高奏。

要弄清楚这期间究竟发生了什么，我们需要回到人工智能的一个特定领域，即机器学习，顾名思义，它指的是计算机自动学习的能力。[12] 机器学习的关键在于算法独立学习，准确识别数据的关联，无须预先设定法则或模式。通过机器学习，工程师不需要写海量的指令来命令计算机完成某个特定任务，算法本身就能从数据出发调试自身，自动进行学习。

实现机器学习的技术可谓数不胜数，不过，机器学习主要分为三类：监督学习、无监督学习和强化学习。监督学习最常见。当算法的表现达到可被接受的水平时，学习便会中止。用数学术语来表达，监督学习有输入（X）和输出（Y）两个变量，我们使用算法描述从输入到输出的过程。“谷歌流感趋势”的算法就是监督学习。我们给电脑 Y 和 X 两个变量，它们之间存在某种数学关系。在明确这种数学关系后，知道变量 X（自变量）的值，我们就能求出变量 Y（因变量）的值。监督学习的算法分为回归和分类。在掌握历史数据，以及 Y 与 X 的历史关联的基础上，回归算法能帮助我们找到确定历史数据关联的误差最小的函数。不难想象，这一过程只有在某些假设已被验证的情况下才能成立。此外，过去观察到的数据呈现的关系，在未来不能发生任何变化。潮汐这一自然现象过去发生过，现在还在发生，以后还会发生，因为引力法则不会改变。但如果要预测某个产品的销量未来是否会增长，某种疾病未来是否会暴发，或者其他与个体行为有关的现象，我们就要很小心。因为如果历史数据来自过于遥远的过去，预测结果可能适得其反。比如想要预测铁路运输行业的未来，去梳理 1900 年的数据就没有意义，因为当时的铁路运输还没有遇到航空运输这一竞争对手。

所谓无监督学习，指的是由算法自己发现数据间的联系结构。比如我们根据顾客的购买行为对其进行分类，就属于无监督学习。聚类算法（clustering）就是一种无监督学习的算法，即在一些数据内部找出次一级的集合（见图 3.2）。在塔吉特超市的故事中，根据顾客的性别、年龄、教育背景、购物习惯进行分类就属于聚类。不过，在这种情况下，对于将提供给算法的顾客群体之前的信息，我们并不掌握。

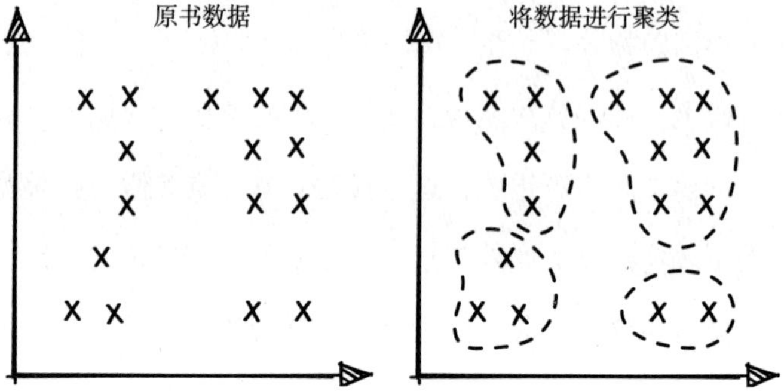

图 3.2　通常情况下，通过无监督学习算法，我们可以在数据内部找出次一级的集合。

强化学习是机器学习领域的前沿。强化学习系统能通过不断试错，依靠自身经历进行学习。它会尝试各种范式，根据结果判断是维系还是放弃。通过不断尝试，算法能找到错误数量最小的范式。谷歌的 AlphaGo 的基础正是强化学习，这一程序曾经击败了人类围棋的顶尖高手。[13]

模拟大脑

大家想必已经明白了，对于前面描述的每种方法，都已经开发出了相应的算法，这些算法的运行有着很大的差别。监督学习、无监督学习和强化学习都对应发展出了不同机制的算法。有的算法仅使用了少量的数学函数，有的则运用了决策树的树形结构，还有的则以共同特征为基础，对数据进行聚类。高明的厨师总能根据不同原料，做出风味不同的佳肴，机器学习也是同理。可我们还是会忍不住猜想：是否存在一种最高级的算法能让我们过把科幻小说的瘾，将人工智能的优越性发挥到极致？美国人常挂在嘴边的一句话“没有免费的午餐”，被视为机器学习领域的“定理”，根据这一定理，不存在什么万能算法能解决所有现实问题，或者说，任何算法训练出的模型，在所有现实问题面前并无优劣之分。针对不同的现实问题，我们应选取相应的算法来解决。用经济学术语来说，任何行为都有成本，该成本或早或晚都要支付。[14] 从这个意义上说，我们找不到某个特定算法能一劳永逸地解决所有问题。不同问题之间存在个体差异，通过电脑识别图像和判断用户的电影品位，就需要借助不同算法。

话又说回来，人工智能新时代确实有个当之无愧的主角，那就是神经网络。它与我们目前知道的唯一会思考的“机器”十分相似。这个“机器”我们很熟悉，却又并不了解，它就是我们的大脑。在神经网络中，算法对神经元的机制进行模拟，当神经元被输入数据激活，会产生输出数据。就像人脑能识别物体，帮我们归类信息，而神经网络对计算机所做的，正是模拟了人脑的运作机制。

神经网络与人工智能的发展同步。在20世纪50年代，科学家发展出了名为“感知机”（perceptron）的人工神经元，它是神经网络的基础。根据一系列刺激，感知机能判断以数字呈现的输入是否属于特定类别。随着人工神经网络的发展，多层网络（见图3.3）得以彼此沟通。进入21世纪，随着计算机运算能力的飞速提升，神经网络迎来了质的飞跃。[15]每个神经元层都能选择自身将学习的特性，从而令机器具备识别并扩展细微信号的能力。在神经网络的可视化示意图（图3.3）中，每个圆代表一个神经元，垂直排列的神经元就是“层”，连接神经元的线则在处理数据中起连接作用。大部分神经网络都由一系列的“层”组织完成，信号通过类似连接神经元的突触从一个节点传递到另一个节点。和人脑的运行机制相仿，深度学习就是对“权重”的一种协调，或放大或弱化每个连接传输的信号。

举例来说，一个学习图像识别的网络，具有一层输入节点，每个节点对应图像的每个像素。当这些节点被激活，会通过与下层节点的连接，传递其被激活的水平，而下层节点又会

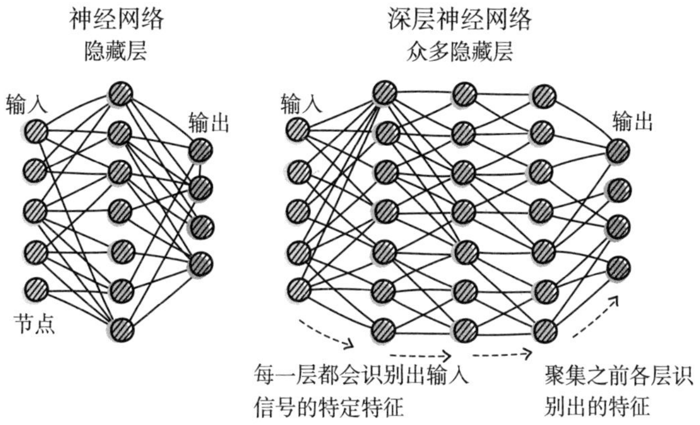

图 3.3　神经网络分为三层，分别是输入层、隐藏层和输出层。每层都有对应的神经网络与下一层连接。深度学习就是将输入数据通过神经元层传递来完成的，每个“神经元”都操纵数据并将其传递，每一层节点都会基于上一层的输出学习一系列特征。越深层次的神经网络，节点能识别的特征就越复杂。

整合输入信号继续被激活。这一过程会持续到信号抵达输出层，最后完成图像识别。如果识别的答案不正确，反向传播算法（backpropagation）会重复上述过程，调整连接强度，优化下次回答。为了教会电脑识别照片中的小狗，我们需要搜集几百张照片进行分类，继而由算法分析这些照片，学习如何对小狗图像进行分类，根据输入数据对神经网络进行重组，最终识别出小狗的突出特征。当精确程度足够高时，机器就“学会”了识别小狗图像，并能不借助人类指导，下次自主识别出新图像。这种学习不限于图像，也能运用于更复杂的工作，如在线翻译、医疗诊断、智能机器人等——当然，还能运用于预测，即明确现在发生的事件与未来可能发生的事件之间存在何种关联。

隐性知识的新神谕

人工智能与机器学习具有巨大的优势。首先，它们能识别出对人类而言过于复杂的范式与关联。例如，算法能轻易识别出成千上万人使用智能手机时的习惯，如拨号频率、通话地点、网络连接等，进而确定这些变量与当地失业率的关联。通过这一算法，我们能根据特定地区手机用户的使用习惯，预测未来的失业率。[16] 其次，算法能在一眨眼的工夫内，完成分配给它的任务。

2016 年 1 月，美国国家卫生研究院的同事联系我，请我构建模型来预测拉丁美洲正流行的寨卡病毒的传播趋势。预测传染病的发展趋势，速度是关键。寨卡病毒通过埃及伊蚊实现传播，这意味着要构建预测模型，就要掌握这种蚊子的分布情况，否则任何追踪疫情扩散轨迹的模型都将无效。我还记得当时电话这头的我听完了直摇头，蚊子又不用智能手机，怎么能知道它们在哪儿，有多少呢？很快，我就意识到自己错了，因为机器学习已经解决了我的顾虑。

就在一年前，一项国际合作研究在掌握了这种蚊子的地理分布的最新数据后，结合遍布全球的观测点采集的环境数据，能精确预测到这种蚊子在全球的分布情况。[17] 其背后所依据的是超过 40 000 次对埃及伊蚊和白纹伊蚊分布点的检测，以及数十万个观测点的数据（温度、降水、湿度、植被和城市化水平等）。在这种情况下，要确定蚊子的分布密度与上述变量的关联，仅凭人脑无法做到，但对于增强回归树算法（Boosted Regression Trees）来说，这不过是小菜一碟。这种算法对所有数据照单全收，最后将蚊子的分布范围精确到 5 × 5 平方公里区域内。当这一数据摆在团队面前，我们意识到，构建寨卡病毒的预测模型不再是天方夜谭了。

还记得看到机器算法这么快速精确地描述蚊子的分布情况时，我有多么惊讶。不过，在叹服之余，我还感到一丝不安。和许多机器学习的应用一样，该算法在透明度上存在不小的问题，它无法清楚阐述其"想法"。为了形成蚊子分布的地图，算法进行了大量运算，但这些运算都隐藏在错综复杂的运行机制中。主持这项国际合作研究的团队当时只用几分钟就得出了结论，但后来居然花了一年时间对算法进行验证与解释，以证明结论的正确性。

这就是机器学习的"黑箱"（black box）。许多算法吸纳了大量输入数据，进而产出输出数据，这一进一出，是个外界无法探明的学习流程。在外人看来，这一流程有如黑色的箱子，神秘而晦涩。换言之，机器学习使算法绕过了一个巨大障碍，即哲学家迈克尔·波兰尼（Michael Polanyi）提出的著名悖论。在 20 世纪 50 年代，波兰尼提出了隐性知识的概念。所谓隐性知识，指的是我们并未意识到自己拥有的那些知识，因为并未意识到，所以这些知识很难传递给其他人。[18] 直白地阐述这一悖论，即“我们知道的，比我们可言说的多”。这可不是一句俏皮话，它意味着我们对周围世界运行的方式已经有了较多认识，但仍无法清晰直白地阐述这些认识。要传递某种必要的知识（比如语言学习、骑自行车，或者识别不同的物体），最好的方法就是通过例证与具体的实践经验。计算机获取隐性知识的方式正是通过机器学习算法（尤其是神经网络），但它无法清楚阐明形成这一结果的原理。如此一来，我们从学术和预测角度出发，就不得不提出如下问题：我们如何确定机器学习的结果是可以信赖的？通过人工智能，我们对某个现象的理解是不是对的？哪些任务可以放心交付机器学习完成？最重要的问题在于，如果算法并不能加深我们对世界运行机制的真正理解，那么它是否能产生知识？坦白讲，许多算法的研究者（尤其是在企业界）对这些问题的回答仍是含糊的，或者说是实用主义的："我们收钱做研究，目的是提供行之有效的方案，可不是为了去解释这个方案为什么管用。"借用网络科学奠基人之一、数学家史蒂夫·斯托加茨的话说，我们似乎只能眼睁睁地让机器告诉我们："我们也不知道为什么这个预言是对的，但我们可以通过大量实验和观察，来验证这则预言。"[19]这么看来，在人工智能面前，人类似乎只能当个心服口服的赞叹者和旁观者。在算法的时代，数字"占卜师"再次走到举世膜拜的前台。

人工智能小词典

算法：所谓算法，是精确定义一系列运算的法则。算法可以执行运算、分析数据、自动论证，是计算机执行特定指令的基本方式。

黑箱：机器学习的系统经由输入数据，提供输出数据，然而其运算流程并不能为外界轻易解读，就像在黑色箱子里进行的操作。

深度学习：有时又称“深度神经网络”，指算法包含的许多层级。

机器学习：指使用算法接收数据，通过在数据中逐步寻找范式与关联来修正算法，实现自动学习。

自然语言处理：一种机器学习技术，计算机因此能解读、处理和理解人类语言，包括分析词汇、语法以及具体语境。这一流程通常通过机器学习实现。

神经网络：一种机器学习的算法，其基础是模拟人脑的简化模型。神经元接收输入数据，执行可传递给下一层级的运算，最后一个层级代表了算法的回答 / 方案。

监督学习：机器学习的一种类型。算法在学习阶段，将其运算结果与正确结果进行对比。

无监督学习：算法在大量数据中寻找范式与关联，而不与结果进行对比。

第四章

预测新书能卖多少册

预测一切，就是现在！

我还是没养成按照严格的日程清单有条不紊工作的好习惯。不过，了解我的人都知道，我们团队没有固定碰头会的工作机制，因为没必要把工作安排得那么僵化。我们的工作环境是大型开放空间，有着透明玻璃墙，每天想不碰面都难。要是哪天我给大家发邮件，正式通知要开会，大家就都知道肯定有什么重大突发事件。在日常工作中，我们的信息和思想交流总是自发的，咖啡机前就是大家工作台的自然延伸。

2012 年 2 月，一个周四的下午，大家又聚在一起喝咖啡。我们早有了共同关注的话题。别误会，这次我们不是在聊学术热点，而是在讨论正热播的大众选秀节目《美国偶像》（*American Idol*）。当时欧洲正在热播《X 音素》（*The X Factor*），而《美国偶像》则在美国收视长虹，每季节目的冠军都成了家喻户晓的明星，凯莉·克莱森（Kelly Clarkson）、詹妮弗·哈德森（Jennifer Hudson）和凯莉·安德伍德（Carrie Underwood）都是从这个节目开始进军娱乐界的。节目每周三晚上播出，观众投票时间截至周四，届时宣布晋级选手。还有什么话题更适合在喝咖啡时聊？自打节目开播，我们每周四上午都会边喝咖啡边讨论前一晚选手的表现。有的同事还会加点儿赌注，让讨论更刺激。

那天，大家正热火朝天讨论时，不知道是谁突然来了一句："与其在这闲聊，不如正儿八经地预测！这不是我们的老本行吗？"这么一句玩笑话，大家可都当了真。到了下午，大家已经鼓捣出各种图表和数据，琢磨起具体的预测模型了。物理学家较起真来，娱乐新闻也能有学术的面孔。我们以推特的数据为基础，预测了下一集谁会被淘汰。到了第二周周三，我们已经有了初步的思路。我们通过推特筛取数据，截取带选手名字以及其他与"美国偶像"相关的实时推文，并对50万条推文展开分析；针对每场演出都选出一群支持者，在地图上对他们进行定位；处理完数据后，再加上统计学的算法，就大功告成了。

周四早上，我们的确预测出将遭淘汰的选手，但由于时间仓促，统计学偏差过大，起初几次预测并不精准。不过，在我们预测的排名最末的两三名选手中，总有一位最终是被淘汰的。

这一结果让大家备受鼓舞。我们决定优化算法，精确识别每位选手支持者的地理信息。经过几轮实验，预测已达到了百分百的准确率。

决赛前几天，我刚到办公室，就发现同事们都在等我。大家告诉我，是时候在总冠军出炉前公布我们的预测了。可是，这不就是一帮科学家喝咖啡时临时起意的玩笑吗？看着大家严肃的表情，我意识到大家已不再把这事当作一种消遣。我们立刻着手撰写论文，准备发布预测模型。5 月 23 日，《美国偶像》这一季最后一集播出。3 天前，即 5 月 20 日，我们的论文通过了专家审核，发表在 arXiv.com 网站这一学术论文公共平台上。在这之后，《美国偶像》还将播出两集，5 月 22 日进行最后的演出，第二天就将迎来总冠军决赛之夜。我们搜集了 5 月 22 日纽约时间晚上 8 点节目开播到洛杉矶时间翌日凌晨 1 点投票结束这一时间段的大量数据，完成了总决赛预测，并将结果更新到 arXiv.com 网站上。[1]

提交预测后，大家并未如释重负，而是带着不安和兴奋入睡。第二天，一觉醒来，我们发现自己已经身处媒体风暴的旋涡中。雪片般的邮件塞满了我们的邮箱：有人认为自己支持的选手被我们低估了，写信来骂我们；有人则激动地表示我们才是慧眼识才的伯乐；甚至还有来自地下赌场的恐吓信，说我们坏了它们的生意。其实，失望、高兴、愤怒，这些情绪都是多余的（恐吓信当然还是违法的），因为当我们发布预测结果时，投票已结束了，预测无论如何不可能改变结果。可你又能跟赌红眼的人争论什么呢？5月22日晚上，大家都围在电视机前观看直播，气氛如同观看世界杯决赛般热烈。纽约时间晚上10点，第11季《美国偶像》冠军揭晓：菲利普·菲利普斯（Phillip Phillips）。

正是我们预测夺冠的歌手！

第二年，《美国偶像》宣布改变比赛机制，节目组会在投票当晚就公布被淘汰的选手，这么一来，我们就没时间预测了。我们甚至怀疑，这项改变是为我们量身定制的。

当然，根据推特数据来预测选秀比赛的结果，只是科学家们心血来潮的一场游戏，不必太认真。不过，大家在兴奋之余很快意识到，这次成功的经验打开了通向新世界的大门。选秀节目的冠军得主能被精准预测，这意味着我们身处一个可被算法预测的世界。许多年来，我们的预测对象总是天气、流行病和其他严肃的社会现象。如今只要数据到位，加上掌握正确算法，我们就能在短时间内实施定量分析，预测此前根本想不到能被预测的事件。时至今日，预测科学已经“看透”了我们的生活。当你去应聘时，你的简历有可能会经过某个软件的筛查，雇主根据分析结果决定是否录取你。工作几年后，你准备安家置业，去银行申请贷款，银行会通过算法分析你的收入情况，评估你的还款能力，从而决定是否放贷。一言以蔽之，预测已经全方位地渗透了我们的日常生活。我们越是预测，就越想预测，似乎走不出“越喝越渴”的怪圈。观看体育比赛时，没等比赛结束，我们就想知道谁会赢。新人闯进娱乐圈，刚发布第一首新曲时，我们就想知道他会不会红。在去投票的路上，我们就在猜谁会当选。股市刚开盘，我们就想知道收盘时是涨是跌。究其原因，预测让我们“安心”，它让未来变得不再是未知的，这降低了我们面对未来时内心的不安与恐惧。

预测不仅适用于外部世界，还适用于我们自己，比如预测我们的音乐品位。截至 2018 年，音乐流媒体平台声田（Spotify）已经有 2 亿多活跃用户，其中 8 000 多万属于付费用户。如果你是其中之一，就一定收到过它推送的歌曲。亚马逊网站似乎总能知道我们喜欢读什么书，网飞流媒体平台似乎总能猜对我们热衷追什么剧集。当然，它们的预测有时也会失准。不过，你一定注意到了，这几年来，它们推送的信息似乎越来越精准了。我们往往来不及细想，就下意识点击了“收听”或者“购买”。这意味着，平台的算法已经实现了预期功能。你一定还听过针对亚马逊公司的批评，有人指责这个商业巨头正在吞噬中小企业的生存空间。在我看来，这种观点有些偏颇和流于表面了。从专业角度来看，亚马逊公司实际上是通过成功预测，在我们打开商店网页前，就提前找到我们想要的。诚然，建立在成功预测基础上的商业模式正在掌控市场本身，不断推陈出新的各种应用程序（App）挤满了我们的手机屏幕。我们在看手机，手机上的它们也在“看”我们，识别我们的品位与消费习惯，甚至比我们还要了解我们，跨过手机屏幕来“指挥”我们的行为。

让我们回到声田这家公司，一起领教算法已经达到何种水平。这家公司诞生于 2008 年，如今是全球最大的流媒体音乐服务平台，市值达到 240 亿美元。[2] 它成功的秘诀正是协同过滤算法（collaborative filtering），这种算法的关键就是“他人”。听音乐时，我们经常会将自己喜欢的歌曲保存到歌单中，这么一来，用户的音乐偏好就隐藏在 20 多亿份歌单中。当两个用户的歌单存在大量相似歌曲时，就意味着他们的音乐品位相近。一般来说，每个人大概率会喜欢与自己品位接近的其他人收藏的歌曲。这就是协同过滤算法的运算机制。用户的习惯操作被转化为可供算法分析的数据，形成巨型矩阵，矩阵的每一行为用户，每一列则为平台可推荐的 3 000 万首歌曲。这时，一种叫作矩阵分解（Matrix Factoring）的数学方法便派上用场了。通过矩阵分解，我们可以得到两类向量 **U** 和 **C**。其中，**U** 为用户向量，代表每个用户的音乐品位，**C** 为歌曲向量，代表每首歌曲的具体特征。这些向量本质上只是无意义的数字串，可协同过滤算法能将每个用户向量与其他用户向量做比较，得出哪些用户向量最为相似，同样的处理方式也适用于歌曲。如此一来，我们便能确定，哪些用户趣味相投，哪些歌曲曲风相近。我们将“相似性”这一抽象的概念转化为可测量的数据后，就能将这些数据用于定量预测。

协同过滤算法的巨大优势在于，它能精准地推荐复杂的内容，如音乐、电影，而不必真的理解推荐的内容究竟是什么。显然，要运用协同过滤算法，需要大量的用户和数据，而这恰恰解释了为什么许多平台运营商会提供免费服务。不花钱的用户在享受免费服务的同时，提供算法所需的数据，而系统则能够利用这些数据为付费用户提供更完整和优质的服务。声田公司还运用了自然语言处理这一机器学习技术，对歌曲展开进一步识别与分析，同样的技术也可以运用到新闻报道、网站文章的分析上。如此一来，每位艺术家、每首歌曲都有数千条术语进行描述，而这些术语又能生成一个新的向量，以表征两首歌曲是否相似。此外，声田公司甚至使用神经网络算法分析一首歌曲的音轨，对新发行的歌曲进行相似性分析和分类，确保在相关信息缺乏的情况下，这些歌曲也会被推荐。

当然，不同算法究竟如何相互融合、彼此支持，从而得出最优方案，这恐怕不是本文能够说清的。说到底，这是商业机密。大量的流动数据似乎并不具备商业价值，可当人工智能与商业模式相结合时，点石成金的魔法便应运而生了。它形成了一个巨大的水晶球，容纳并预测着我们生活的方方面面。算法不会唱歌，却知道你爱听什么歌；算法不会踢球，却能预测一场比赛的输赢，甚至能当教练——这是怎么回事？

“美丽的运动”：算法当教练

如果你不懂足球文化，就不会懂 20 世纪 70 年代的意大利。每个周末，意大利人都要赶赴足球之约。他们多为天主教徒，在教堂做完弥撒回家后，一大家子坐在一起吃午饭，边吃边等神圣的两点半。男同胞们往往会分秒不差准时打开收音机，调到 Rai radio 1 频道，屏气凝神，摆出大战将至的架势，收听当年最热门的广播节目《足球赛事分分钟》(Tutto il calcio minuto per minuto)。“各位听众，大家好！您即将听到的比赛是……”解说员亢奋的声音一上来就高八度，从球场传到千家万户。“传球，过人，射门！”声嘶力竭的解说令人激情澎湃，牵动着收音机这头所有人的神经。“球进了！”整栋楼同时爆发出欢呼声。要知道，大多数意大利人当年都是收听比赛，而不是收看比赛。电视转播要等比赛结束几个小时后，而且还是黑白影像。这意味着，不论是对球员还是对球迷而言，足球这项运动都离不开想象力。

著名记者马西米利亚诺·卡斯泰拉尼（Massimiliano Castellani）在《未来报》（*Avvenire*）发表的文章准确再现了当年的氛围：“每个周日都是意大利家庭团聚的日子，堂哥带来自家做的意大利面，舅舅带来自家酿的葡萄酒。大快朵颐后，大家转移到客厅，聚在收音机前，就像坐在看台上，开始周日的另一项神圣仪式——收听足球比赛。”收听比赛时，有人干脆拆下钟表电池，生怕任何细微的声响干扰收听，错过进球时刻。足球是男人们的游戏，不看球的太太们拽着丈夫在公园散步，于是就形成了周末公园里的特殊景观：陪妻子散步的男人们将收音机扛在肩膀上，音量开到最大，边走边听。球王贝利曾形容足球是“美丽的运动”（the beautiful game），的确，这项充满魅力的竞技比赛，早就写在意大利的民族基因里。

为什么意大利人在终场哨声响起之前都要屏息凝神，生怕错过了足球解说员的只言片语？其实还有个原因——赌球。许多人都参与其中，但没有勇气承认，又或许是怕愿望一旦说出口就不会实现。20 世纪 70—90 年代，足球彩票风靡亚平宁半岛，谁要是 13 场比赛结果全猜对，就能赢走几百万甚至上十亿里拉的大奖。一场比赛能决定球员的职业生涯，能影响球迷接下来一周的心情，还能改变彩民一家未来的命运。比赛结束后，有人庆祝胜利，有人垂头丧气，有人则收拾心情，第二天打开报纸研究体育版的专家评论，复盘球员表现：谁的防守最到位，谁的中场组织最有力，谁能凌厉地撕破防线，发起闪电般的进攻。这些评论被彩民们奉为圭臬，是他们周六走进足彩商店为下轮比赛下注的依据。

进入 21 世纪，意大利足球彩票行业失去了往日的魅力。足球比赛似乎不能制造那么多惊喜了，猜对比赛结果的人越来越多，奖池里的奖金也没那么大的吸引力了。不过，这只是一方面原因，更重要的原因来自球场外。比萨大学信息系的知识发现与数据挖掘实验室（Knowledge Discovery and Data Mining）和意大利国家研究委员会（CNR）的研究人员通过计算机为每场比赛打分，已经能展开相当准确的预测。具体分工是：第一台计算机评价球员表现，相当于足球评论员；第二台计算机客观记录比赛全程；第三台计算机模拟意大利足球甲级联赛（简称“意甲”）的可能对阵。综合三台计算机的监测数据进行分析后，研究人员就能提前数月预测冠军球队。他们是如何做到的？

这要说回 2014 年，两位年轻的信息工程师卢卡·帕帕拉尔多（Luca Pappalardo）和保罗·钦蒂亚（ Paolo Cintia）平时没少看球，球迷的直觉告诉他们，传球次数最多的球队夺冠概率最大。为了验证这一直觉，他们通过计算机软件追踪了 2013—2014 赛季的四项欧洲顶级联赛。每场比赛下来，不管传球次数最多的球队实际进球数是多少，计算机软件都给该球队打 3 分。最后的预测结果与实际比赛结果高度一致。他们预测当年赛季的意甲冠军是尤文图斯队，最后尤文图斯队果然夺冠，得分比预测的还多十几分。他们对德国甲级联赛（简称“德甲”）冠军的预测更准确，拜仁慕尼黑队不出意外夺冠，得分与预测仅相差 1 分。而在 2014 年欧洲冠军联赛（简称“欧冠”）决赛中，皇家马德里队的表现同样符合预测，它凭借加时赛的进球反胜马德里竞技队，赢得俱乐部历史上第 10 个欧冠锦标。不过，在争夺 2014 年西班牙超级杯的比赛中，皇家马德里队的表现并未符合预测结果。对维罗纳队、国际米兰队的预测也与球队实际表现有一定差距。此后，帕帕拉尔多和钦蒂亚对算法进行了优化。为了更有效评价球队的攻防表现，他们引入了“佩扎利分数”（Pezzali Score）这一指数，以此向著名歌手马克斯·佩扎利（Max Pezzali）致敬。这一指数极大地改进了算法评估球队利用对手弱点实现进球的能力，就像佩扎利在歌里唱的：“他们收缩了防线，但只要机会一出现，他们就立刻迎上，把球传到我们身后。”通过对算法的改进，帕帕拉尔多和钦蒂亚优化了预测，还将第一版模型中被忽略的球队也纳入新模型。[3]

足球和统计学并非一见钟情，但在时间（和数据）的作用下，这井水不犯河水的两个领域也来了电。两位年轻的意大利学者并不是第一个吃螃蟹的人。二战时曾服役于英国皇家空军的中校查尔斯·里普（Charles Reep）在 20 世纪 50 年代就试着让足球和统计学“来电”。里普曾是名会计，对数据细节十分敏感。他认为，只要掌握大量统计数据，就能制定最合理的技战术策略。1950 年 3 月 18 日，里普来到球场观看比赛，开始了第一次记录。他的记录手段非常原始：只见他拿出一支笔，摊开笔记本，目光时刻紧跟足球。3 月的英国仍然很冷，但并未妨碍里普的热情。传球、犯规、射门，几年下来，他记录了 2000 多场比赛，积累了大量一手数据。他的结论是：英国球队平均每 9 次射门能进球 1 个，80% 的进球的传球次数不超过 4 次。因此，球员控球后，应当尽量减少横向传递，尽快将球传到对方半场。这就是长传球理论的最简表述。在此后几十年中，长传冲吊的战术打法深刻影响了英国足球的战术风格。很显然，里普的结论和60年后的意大利晚辈们刚好相反。尽管他的理论影响深远，我们还是要泼盆冷水。因为从统计学角度看，他仅仅统计了不同距离的长传球的进球效率，却忽略了足球本身毕竟是包含短传、盘带、突破的比赛。换言之，占据比赛更多时间的短传与进球的关系，应当得到足够的重视。[4]

"里普自认为他的数据能说明什么问题，但今天的分析师对此无法认同。从信息搜集的角度看，他当年的研究具有一定的开创性，但也仅限于此了。"邓肯·亚历山大（Duncan Alexander）在《跳出固定思维：足球史的统计学之旅》（*Outside the Box: A Statistical Journey through the History of Football*）中如此写道。[5]当年，许多球员和教练都对里普的研究不以为然，如果你在中场休息时走进更衣室，就一定会听到这样的讥讽和抱怨："总是长传冲吊？你让他自己试试！""就是啊，完全是纸上谈兵！""球员的跑动是很灵活、机动的，他的想法太死板了！"不过，也有教练从里普那里获得了启发，比如执教于基辅迪纳摩足球俱乐部的瓦列里·洛巴诺夫斯基（Valerij Lobanovskij）。他在1973年就任时就从场外搬来了计算机并邀请统计学家当技术指导，后来球队的胜绩为他赢得了“未来足球预言家”的美誉。最近几年来，越来越多大型俱乐部逐渐抛弃了传统偏见，意识到数据和算法的重要性和潜力。今天，没有人不重视数据网站 Opta 发布的数据了。这家伦敦的数据公司搜集并分析了每场比赛的数据，并将其在网络上实时发布。如此一来，几秒钟之内，科学家就能知道哪位球员触球了，他位于球场的什么位置，触球力度如何，他把球传给了谁。此外，Opta 公司还会通过视频和传感器来搜集球员的体能参数。这些信息在经过正确处理后，将服务于不可思议的预测。

美国西北大学的工程学教授路易斯·阿马拉尔（Luís Amaral）是最早利用这些数据进行预测的人。他认为，专家对球员表现的分析过于主观，不能运用于预测。[6] 我俩都是学物理学出身，在学术生涯的起步阶段还经常碰面，分享研究成果和心得。英雄所见略同，我们都意识到，物理学不仅是研究分子、材料、速度、力学等的学问，也能用于复杂系统的分析。阿马拉尔曾在波士顿大学工作，当时我刚好在此访学，研究航运网络的问题。在这些研究的基础上，我开始思考流行病在全球的传播问题（其实，正是乘客将病毒和细菌带到了世界各地）。阿马拉尔当时研究的课题则是工程学和网络优化问题，因此在工程系任教。美国群众基础最广泛的体育运动是橄榄球和篮球，在这里看足球比赛不是很方便。好在波士顿有个意大利移民社区，每逢周日，足球迷都会到汉诺威街的体育咖啡馆打卡，一起收看欧冠比赛。有一天，正看着比赛，阿马拉尔跟我打开了话匣子，他提到可以运用网络科学来预测比赛结果。后来，他经过几年研究，真的构建了一个数学预测模型。这一模型的原理并不复杂，但有一个核心前提是：球队能不能进球，往往得看运气。换言之，你为之振奋欢呼的进球时刻，不过是一场比赛的冰山一角。C 罗和梅西的状态当然很重要，可是能不能进球，最后还是要靠球队的合作。2010 年，路易斯发布了自己的算法。这一算法综合考虑了球员间的互动，重点分析了球队的传球模式、谁传球给谁、传球是否精准以及传球和进球的转化关系（见图 4.1）。这些数据最后会形成图表，将每个球员的表现进行量化。在 2008 年欧洲足球锦标赛（简称“欧洲杯”）期间，阿马拉尔的团队使用该算法为球队打分，他们预测西班牙队是最强球队，哈维尔·埃尔南德斯·克雷乌斯（Xavier Hernández Creus）是最佳球员。果不其然，西班牙队将 2008 年的欧洲杯收入囊中，欧洲足协提名哈维尔为欧洲杯最佳球员。

今天，人工智能已经成为“虚拟教练”，针对对方球员的各项能力，帮助球队确定最佳出场阵容。它还能及时告知教练球员的身体情况，避免球员在训练时因肌肉拉伤缺席比赛而造

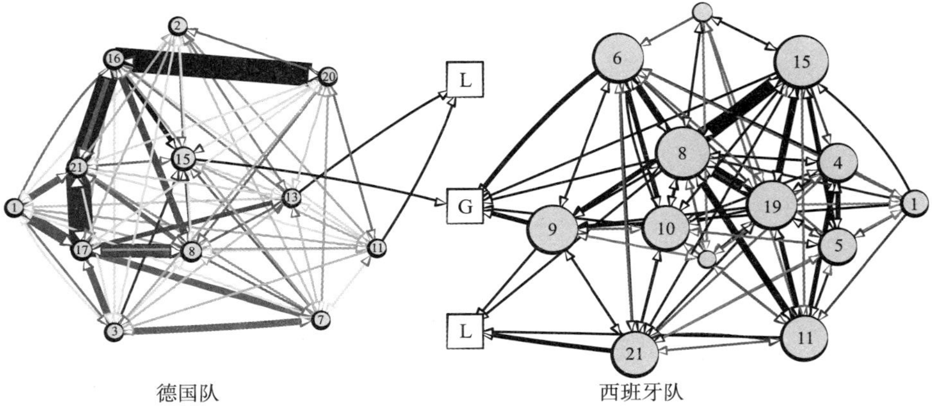

图 4.1　2008 年欧洲杯决赛，德国队对阵西班牙队。西班牙队在决赛中以 1–0 击败德国队，夺得冠军，费尔南多·托雷斯（Fernando Torres）打入制胜一球。图中的每个节点对应一位球员（数字则是球员的球衣号码）。连接线的粗细程度代表球员间成功传球次数的多少。节点 G 代表射正，L 则代表射偏。通过计算球员节点的中心性（代表球员的射门次数），可确定每个球员的实际贡献，表示为球员节点的大小。

资料来源：J.Duch, J.S. Waitzman, L.A.N. Amaral, “Quantifying the Performance of Individual Players in a Team Activity,” *PLOS ONE*, n.5, 2010, e10937。

成数以百万计的损失。一项基于自动学习的算法使用了 23 周内搜集的每个球员的 931 项训练的数据，便精准地做到了这一点。[7] 教练因此能够更好地掌握球员的身体机能表现情况，如某个球员能加速跑多远，每分钟的代谢距离是多少，高负荷情况下的加速与减速情况等。这形成了一个预测模型，能够预警 80% 真实发生的损伤，而假阳性（也就是认为球员体能欠佳，有肌肉拉伤的可能，但实际并未发生）的比例控制在 50% 以下。这一预测算法已经效力于巴塞罗那俱乐部两年多，其团队由哈维尔·费尔南德斯（Javier Fernandez）领导，这位年轻人拥有一个人工智能方面的硕士学位。团队的任务是为球队的每场比赛制定战术，并为每位球员的日常训练制定细致的方案。[8] 在球场旁边，你从来看不到这些“教练”的身影，但它们总在屏幕前时刻关注、指挥着比赛，通过算法预估是否产生点球，据说每次都能命中，从未失手。

成功可以预测

将统计学运用到足球比赛中，显然是预测科学的重大突破。将比赛转化为可量化的数据，说到底并不难理解，因为比赛本身就是靠数据说话。牙买加运动员尤塞恩·博尔特（Usain

Bolt）是这个星球上速度最快的人类，这个结论经得起数据检验。在 2009 年柏林田径世锦赛上，博尔特在男子 100 米比赛中以 9 秒 58 的成绩夺冠，刷新了自己创造的世界纪录。在男子 200 米比赛中，他更以 19 秒 19 刷新了自己在 2008 年北京奥运会上创造的 19 秒 30 的世界纪录（此前，迈克尔·约翰逊以 19 秒 32 的成绩维持纪录 12 年）。这些刷新的世界纪录让他世界第一的地位可被测算，只要没有人能跑出这样的成绩，他的第一名就是无可争议的。

体育比赛的评判标准是客观的，谁赢谁输，不会产生争议。当预测科学将目光投向出版业时，情况就复杂多了。试问，是否存在某种算法能对出版市场上所有图书进行文本分析，找出它们的共同点，来判断哪本书叙事结构更具张力，哪本书情节过于松散？脸书公司开发的基于深度学习的文本理解引擎——深度文本（DeepText）算是最接近的一种技术了。它能通过深度学习实现与人类阅读近似的准确率。[9] 这一机器学习技术诞生于 20 世纪 80 年代，通过模仿神经元的行为分析文本。借助这一技术，脸书在一秒钟内能解读 20 种语言发布的上千条文本。在正确解读的基础上，它几乎可以实时地评估文本是否含有非法信息，以及是否具有较高传播度。如果出版社将这一技术运用到文学作品中，是否就能及时发掘畅销书作家？

我们或许能从詹姆斯·帕特森（James Patterson）的故事中得到启发。这位出生于纽约的惊悚小说家今年已70多岁了，从2008年起，他每年11月都会推出新书，如原子钟般精确。他的每本新书在出版后，都能毫无悬念地进入畅销书排行榜。也许他的名声没有丹·布朗或史蒂芬·金那么响，可迄今为止，他已出版了51本小说，总计销量超过3亿本。在2022年全球作家富豪榜单上，帕特森位居第三。超过100部作品上署有他的名字，不过，其实他已经有很多年不动笔写作了，而是主要提些想法，然后把苦活儿累活儿交给合著者完成。和许多作家的经历一样，帕特森的成名作《托马斯·贝里曼的数字》（*The Thomas Berryman Number*）当年可是乏人问津，在许多出版社都吃了闭门羹。1976年，终于有家出版社愿意出版，这才避免了手稿第32次被扔进垃圾桶的命运。这一年，《托马斯·贝里曼的数字》卖出了10 000册，对不知名作家的首秀而言，这算是不错的成绩了。从那以后，帕特森一发不可收。今天，在美国最畅销的书中，每17本就有一本写着他的名字。他的作品曾76次登上《纽约时报》的畅销书榜单，其中19次稳居榜首。这项成绩进入了吉尼斯世界纪录——假如当年能预见他的成功，那31家拒绝他的出版社早就能大赚一笔了。

话又说回来，也不能怪当年拒绝他的那些出版社没有眼光。

20 世纪 70 年代，没人能预测谁将是下一位畅销书作家。2018 年，美国东北大学的科学家终于实现了突破，证明了一本书的销量同样能被预测。当时我就在东北大学，几年前我来到这里，和几位同事共同创办了网络科学研究院，为跨学科研究搭建平台。经过几年发展，研究中心今天在波士顿市中心的摩天大楼中占据三层楼，学术界、政界、经济学界的精英定期在这里聚会，探讨数据、网络、生物系统、社会系统的前沿问题。研究中心主持了一项跨学科研究项目，以《纽约时报》的畅销书单和尼尔森图书调查公司（Nielsen BookScan）数据库（该机构会记录每周在美国出版的图书的价格和该书在美国以及全球的销量）的数据为基础，采集了 2008—2016 年出版的 4 500 种图书的信息。团队在对数据进行筛选和分析后，发现了其中的规律，由此展开跟踪，进而对新书销量展开预测。第一个规律：对于学术新书，出版社应适当降低预期。平均而言，学术书籍的销量只能达到小说的一半。第二个规律：圣诞节前后，图书市场的竞争最激烈，这几天人们买书的热情最高，一本书在这一期间的销量要是二三月的 10 倍才能保住当年畅销书的地位。第三个规律：小说会在出版后前 6 周达到销量峰值，学术书籍则在前 15 周达到峰值。此后，图书销量将不会有大的增长，除非它斩获了重要的奖项。

一本书的作者是谁，对学术书籍和通俗小说而言，差别很大。如果是学术图书，那对于作者是学术新人还是学术“大牛”，读者并不关心，这一因素与销量完全无关。可如果某本小说的作者曾出现在畅销书作家榜单，他的新书在出版前就成功了一半，作者的名气就是新书销量的保障。这和我们的日常观察几乎一致。你会发现，每年畅销书排行榜上，总有几位常客。《福布斯》杂志采访帕特森时曾问他成功的秘诀，他的回答是“坚持”。如果从排行榜的角度来理解，“坚持”成功，就能一直成功。

明确了这些规律，我们就能给出版社提供一些初步的建议了。当然，科学家们不会止步于此。[10] 我们对 4 500 种图书的销售曲线进行了更细致的研究，制作了图 4.2。其中，S 表示图书销量，T 表示一本书出版后摆放在书店书架上的时间。不难看出，一本畅销书的销售曲线和一本专业的学术书籍的销售曲线很不一样。进一步说，二者之间的差异性可以通过三个参数来表述。首先是“适合度”（fitness），即一本书是否符合公众的品位，其写作方式、营销策略，甚至封面用纸都要考虑在内。其次，还要考虑图书的新鲜感这一因素，表现为销量何时达到顶峰，即“即时性”（immediacy）。畅销书总会变成曾经的经典，最后一个参数则是陈旧度（aging），即便是最好的书也会随时

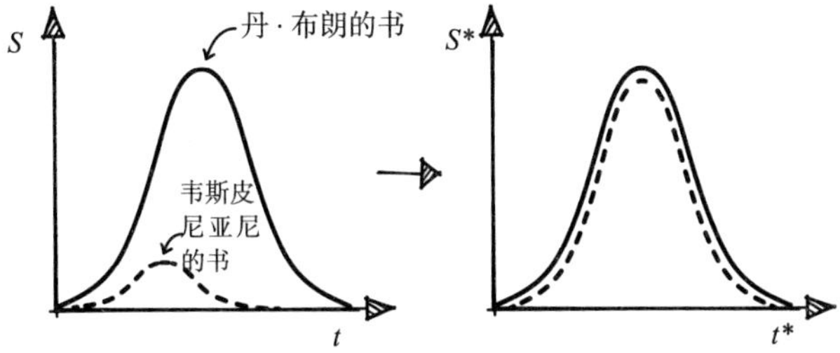

图 4.2　图书的销量可以写成一个时间函数 $S(t)$，该函数根据不同书籍产生变化。对变量进行适当变换（$S \rightarrow S^*$，$t \rightarrow t^*$）后，体现书籍的适合度、即时性和陈旧度三个参数，我们便得到了一个普遍适用的函数 $S^*=F(t^*)$，它能描述任何一本书的销量情况。各种图书的销量动态是相同的，我们由此可以通过观察某本书出版数周后的销量走势，来预测其最终的全部销量。

间流逝而失去魅力，消失在大众的视野中。上述变量可以通过函数 $S^* = g(S)$ 和 $t^* = f(t)$ 来表示，g 和 f 两个函数取决于适合度、即时性和陈旧度三个参数，由此产生以下函数：$S^* = F(t^*)$。对几乎任何一本书来说，这一函数都是成立的。对于出版业来说，这就是预测图书销量的黄金法则。我们只需测算一本书在出版后几周内的适合度、即时性和陈旧度，将上述参数代入函数，就能对这本书的销量进行预测。随着我们掌握的数据越来越多，方程会越来越精确。一本书放到书架上没多久，出版社就能知道它已经卖出去了多少本，大概还能卖出多少本。

东北大学的研究引起了出版界的巨大关注。项目主持者艾伯特–拉斯洛 · 巴拉巴西是复杂系统和计算社会科学领域当之无愧的巨星。他出生于罗马尼亚的特兰西瓦尼亚地区的小村子，少年时就展现出极高的理科天分。不过，少年巴拉巴西的梦想是成为一名雕塑家。可惜当时罗马尼亚不需要艺术家，而更欢迎科学家。他告诉我，当年罗马尼亚所有大学艺术类的教职只有区区 5 个，而物理学教职却有 70 个。个人的奋斗往往要让位于机遇，巴拉巴西最后放弃了艺术梦想，转行研究物理。这才有了我们后来在美国的相遇。20 世纪 90 年代，他来到美国，和我一样第一站都是波士顿。我还记得，当年我在波士顿大学访学时，我俩曾失之交臂。有一天，同事们告诉我可以借用聚合物研究中心的一位“天才学生”的办公室，因为他那几天出城旅游了。后来我才知道，这位公认的天才正是巴拉巴西。

我们真正相识，是在将近 10 年后的韩国的一次学术研讨会上。那次研讨会聚集了已经开始研究复杂网络的科学家，属于这一领域最早的会议之一。当时，巴拉巴西已是这个领域的创始人了，而我只就复杂网络如何影响流行病传播发表了一篇论文。自打我们那次认识以后，我俩的学术之路越来越接近。后来他去了印第安纳波利斯以北的圣母大学工作，我则去了印第安纳波利斯以南的印第安纳大学，两人碰面也越来越方便。我转到东北大学，也得益于巴拉巴西的举荐，当时东北大学正倡议创建网络和数据科学。在兜兜转转之后，来自罗马尼亚和来自意大利的学者在美国成了同事。尽管研究主题不一样，我们还是会定期聚一聚，聊聊研究心得。如果说我们的工作的关键词是“分析”，那么我们那几年聊的话题不妨称为“元分析”（Meta-analysis），即“对分析展开分析”，因为就学术讨论而言，有些问题过于抽象。比如，我们曾讨论过：随着年龄增长，人的创造力是越来越大，还是越来越小？青年学者应与领域内的知名学者合作还是竞争？学者的学术研究与企业的成功有何关系？巴拉巴西是学术问题意识极其敏锐的天才。我们闲聊的话题，在他看来并非人到中年的坐而论道，而是为研究提供了线索。抓住这些线索后，他不断深入，提出了“成功的科学”。简而言之，他认为图书的畅销、学术研究的成功，甚至艺术生涯的成功，都是可以预测的。《巴拉巴西成功定律》（*The Formula*）可不是什么“成功学”或鸡汤文学，而是阐述如何预测成功的学术作品。巴拉巴西在书中写道：“我沉迷于社会结构背后的数学，试图弄明白数字究竟如何形成一种框架，让我们得以理解各项联系的本质。”在他看来，“使用数学模型与工具来研究一些似乎与科学分析绝缘的课题时，正是框架令我们的认识不断加深”[11]。个人在各项事业上（不论是艺术上、学术上，还是商业上）是否成功，背后的决定性因素究竟是什么，这就是“与科学分析绝缘的课题”。巴拉巴西认为，不应将成功理解为个人的表现，而要理解为获得“他人的认可”。换言之，个人成功不属于个人本身，而是集体事件。要理解个体因何成功，就要充分认识该个体的工作如何被社会理解和接受。

就图书出版而言，评价作者是否“成功”，看图书销量这一客观可量化的数据即可。但艺术家是否“成功”，哪些因素决定了他是否“成功”，这就很难获取可量化的数据了，因为艺术评论是非常主观的。一张使用过的餐巾纸出现在办公桌上，你只会把它扔进垃圾桶。可是，如果它出现在纽约现代艺术博物馆（MOMA）的展厅，你就会忍不住想这会不会是件艺术品。此时，作为“他人”的你审视它的角度发生了根本性变化。巴拉巴西提醒每个追求成功的人，“成功与你无关，而与‘我们’有关”。要解决艺术评价的客观性问题，不能不考虑收藏或展出艺术家作品的画廊或博物馆的业内地位。巴拉巴西成功搜集的数据涵盖了 16 002 家画廊的 497 796 个展览，7 568 家博物馆的 289 677 次展览，以及 1 239 家拍卖行的 127 208 次拍卖。这些数据来自 143 个国家，时间跨度为 1980—2016 年。如此海量的数据，仅依靠人力去处理，显然是不可能的。数字革命为科学家解决了数据体量的问题。

巴拉巴西的研究结论是苦涩的：艺术家要想成功，光靠天分是不够的。要预测某位艺术家的职业前景，尤为重要的是他的作品是否很早便被知名机构看中。越知名的机构在业内建立的关联就越多，它们作为艺术界网络中的重量级“节点”，确定了艺术家的身价。[12] 艺术家最早的5件作品被展览的地方，决定了他后来20年职业生涯能否成功。个中原因并不难理解：知名展览机构的业内影响力远大于小机构，行业内的策展人总会更关注大型机构举办的展览，从而发掘潜在的人才。因此，一位艺术家的作品巡展表面上看是展品在几个博物馆之间“搬家”，背后则是不同机构的专家团队在跟踪、分析、评估并做出决策。如果某位艺术家的作品在国际公认顶级展策机构中的前20%展出过，那他的艺术生涯大概率将一帆风顺，其中60%的艺术家的作品平均价格将达到20万美元。相反，如果艺术家一开始就只能在小机构展出作品，那他们中的大部分人最后将不得不放弃艺术梦想，只有14%的人在10年后仍活跃在艺术界，每幅作品平均只能卖出4万美元。即使假以时日，他们也很难有所突破，跻身一流艺术家之列。在从业10年的艺术家中，这种“晋级”几乎从未发生过。在巴拉巴西考察的样本中，总计只有不超过240位艺术家成功做到这一点，成功率是0.048%。

算法无边界

艺术是主观的创造，艺术家是否成名却可以客观被预测，这便是巴拉巴西的“预测成功学”。他的研究正在打破预言的边界。预测算法正在渗透每个人的未来，预知我们的生活轨迹。当算法充分了解我们的努力，掌握我们的选择（比如未来去哪里定居，进入什么行业）时，就能判断我们未来成功概率的大小。也许有人还会“心存侥幸”，认为我们的感情生活是预测科学无法渗透的最后“一方净土”，其实不然，在算法面前，私人生活也不能幸免。

2013 年，《纽约时报》刊登了一篇著名文章，题目是《科学家通过脸书，已经看透了你的感情生活》（Researchers Draw Romantic Insights From Maps of Facebook Networks）。[13] 文章介绍了康奈尔大学数学家乔恩·克莱因伯格（Jon Kleinberg）和脸书研发中心工程师拉斯·巴克斯特伦（Lars Backstrom）合作的项目，项目旨在通过算法研究用户的社会关系，服务于广告和信息投放。团队的研究对象是 130 万脸书用户，他们在个人信息里注明自己已婚或有交往对象，但团队并不准备依靠用户的公开信息，而是通过分析他们的关系网，评估两个人有多少共同朋友并测量离散度（dispersion），以推测他们是不是夫妻或情侣关系。所谓离散度，指的是两个人的共同好友之间缺乏联系的程度。如果两个人的共同好友之间的联系较少，两个人就有较高的离散度，则更有可能是情侣。究其原理，情侣在各自的社交关系之间起到了桥梁作用。当两个人有很多共同的朋友，而这些朋友之间联系强度较小时，他们就起到了连接者的作用，而由他们的连接功能便可以确定他们是情侣或夫妻关系。从离散度概念出发，研究者能推测出某位用户的配偶是谁，准确率达到 60%。乍看上去，60% 的准确率似乎不算高，但样本中的每个人至少有 50 名好友，假定他们的好友都是 50 名，那么盲猜的正确率只有 2%。相较而言，60% 已算是颇高的正确率了。而对于声称自己“处在恋爱关系”的用户，算法在推测他们的恋爱对象是谁时，仍保持了 30% 的正确率。此外，研究者还能使用离散度预测离婚率。当情侣 / 夫妻的离散度较低时，这意味着他们拥有各自生活空间的可能性较低，因此他们更有可能分手 / 离婚。与具有较高离散度的情侣相比，不具备较高离散度的情侣在此后两个月内分手的可能性要高出 50%。回到此前讨论的算法的边界问题，我想，答案不言而喻：情感世界纷纷扰扰，但并非不能预测。

遗憾的是，当预测科学再次实现突破时，我们仍能听到低估和嘲笑的杂音。一家意大利报纸在提到巴克斯特伦和克莱因伯格的研究时，公开宣称要“打倒算法”！文章作者甚至讥讽科学家是“现代知识的傀儡”，指责他们“幻想通过冰冷的公式调伏自己的不安全感”。[14] 如此看来，预测科学要在公众中得到普及，仍有很长的路要走，个别掌握话语“公器”的媒体并未与时俱进地认识我们周围的世界。

要想通过掌控算法来管理我们生活的世界，必须理解算法和预测科学正在如何改变这个世界。将其贬抑为信口开河，或无条件地顶礼膜拜，都不是正确的态度。我们已进入了一个崭新的时代，我们经历的社会事件都在成为预测科学处理的数据，这是我们看清未来面貌，经由集体行为抵达个人需求的起点。这一持续的实践将定义新的平衡与权力。当然它不可能不犯错，甚至还会抱有深深的歧视，这可能是危险的，正因如此，我们更应当严肃对待。

第五章

人工智能的陷阱

算法的偏见

人类开发了算法，算法在速度和精确度上远超人类。不过，有一点，人和算法很像：我们都抱有深深的偏见。或者说，算法通过机器学习从人类这里习得了偏见，人脸识别技术就是一例。最近几年，人脸识别技术取得了日新月异的发展，从最初实验性的尝试，到如今已成为非常普及的商业性运用，如手机或数字安保系统的人脸识别解锁。人脸识别技术的核心是自动学习算法，它能学习人脸的生物统计学特征，如眼睛、鼻子、颧骨和下巴的大小、形状、位置等信息，其精确程度离不开机器学习的强度。

麻省理工学院的乔伊·布奥拉姆威尼（Joy Buolamwini）今天被称为“人工智能革命的良心”。她年纪不大，是位二十多岁的非裔美国人。在研究人脸识别技术时，她常遇到一个颇为恼火的问题：当她站在摄像头面前时，计算机经常对她视若无睹。于是，她只好找同事帮忙。她发现，只要是男性白人同事站在摄像头面前，就总能顺利过关。[1] 布奥拉姆威尼意识到，计算机并非“针对”她。2015—2016 年，她对比分析了微软、IBM 公司和旷视科技（人脸识别技术为 Face++，这家中国初创公司曾获得超过 5 亿美元融资）三家人脸识别软件的表现，发现在分析男性面部时，微软的人脸识别软件一次都没出错，IBM 的表现也可圈可点，错误率仅为 0.3%。可是在识别女性有色人群时，情况就完全不同了。微软的人脸识别软件的错误率飙升至 21%，IBM 则为 35%。不愉快的个人经历激起了研究者的社会责任感。布奥拉姆威尼创立了“算法公正联盟”（Algorithmic Justice League），呼吁全社会重视技术运用中的性别歧视问题。科技进步让生活更美好，本应推动社会朝更公平的方向发展，然而人工智能和大数据的“强强联合”并未兑现这一期许。遗憾的是，布奥拉姆威尼的不愉快经历所体现的问题仍未得到有效解决。谷歌照片（Google Photos）直到今天还会审查“大猩猩”“猴子”等关键词。2015 年，谷歌算法竟被发现给黑人女性设置“大猩猩”的标签，引发舆论哗然。

布奥拉姆威尼遭到的算法歧视并非新技术制造的新问题。在信息技术领域，大家都知道这么一句话，“进去的是垃圾，出来的也是垃圾”。换言之，机器接收的是垃圾信息，我们得到的也只能是垃圾结果。没有哪位算法工程师会故意使用垃圾信息，但今天的公共数据平台已布满了垃圾信息的陷阱。布奥拉姆威尼遭遇的歧视本质上反映了现实社会固有的歧视与不平等，这是机器学习存在技术软肋的根源。[2] 今天，大部分图像归类的神经网络都会使用 ImageNet 这一计算机视觉系统识别项目，这是世界上图像识别领域最大的数据库，储存了超过 1 400 万张照片，每张照片都有专门的标签归类，有的是若干关键词，有的则是完整的句子。但如此海量的数据中居然有多达 45% 来自美国，而美国人口仅占全世界人口的 4% 左右；来自中国、印度的数据仅占 3%，而中印两国人口占全球人口的 2/5。这一差异显而易见，其产生的严重后果则是不言自明的。如前所述，在越来越强大的机器算法加持下，人脸识别技术的运用已相当普及，我们习惯了凝视手机屏幕来解锁，而执法部门也会运用人脸识别技术预测犯罪，后者不再是侦探小说的异想天开了。有鉴于此，我们不能不问，大多数软件都以历史数据（如犯罪人数与社会经济变量的关系）为基础运行算法，而基本数据本身却存在偏见，这是否意味着使用这些软件的执法部门本身也存在偏见？

答案是肯定的。我们注意到，有的社区犯罪逮捕率远高于其他社区，但这未必是现实情况的真实反映。2017 年，斯坦福大学的一项研究分析了加利福尼亚州奥克兰市的警察共计 1440 次拦截车辆的执法过程，被拦截的司机有白人，也有有色人种。[3] 法律规定警察临检时必须打开便携摄像头，记录与司机的互动全过程。因此，研究团队获得了长达 180 个小时的录像资料，研究人员和语言分析算法共同对其展开分析。结果表明，从图像和声音来看，比起与白人交谈，警察与有色人种交谈时，明显不太礼貌。这说明警察在日常打交道时，并未对这两类人群一视同仁。

借用美国哲学家和心理学家威廉·詹姆斯（William James）的话来说，“很多人工智能的算法自认为能思考，但实际上它们不过是在重组偏见”[4]。言外之意，人工智能是否公正，与它所处理的现实数据有关。这意味着，当我们确保为训练算法而提供的数据具有代表性和鲜明特征（种族、性别、收入以及其他相关信息）时，我们务必要十分小心。然而，人工智能的不公正并非仅仅由它处理的数据造成。看似矛盾的是，从数学上，我们很难对“公正”这一概念做出能被普遍接受的定义。这并不是单纯的技术性问题，而是预测社会系统时需要解决的核心问题。

不公正的算法

无论你是否愿意，你都在成为算法的一部分。法庭、银行等机构会运用算法，做出与我们的日常生活紧密相关的决策。在自动决策系统中，算法扮演了至关重要的角色，例如评估贷款申请者的资质、应聘者的能力，甚至用户的话费套餐种类。在掌握相关数据的基础上，算法还能评估经营者未来破产的概率，甚至是未来犯罪的概率。你也许不会在意一张信用卡的额度，但一定很关心算法会不会算错你的犯罪概率。你当然希望执法部门使用的算法公平、公正，不偏不倚，不带任何先入为主的倾向性。2016 年 5 月，著名的新闻调查网站 ProPublica 发表了重磅文章《机器的偏见：全美使用的预测未来犯罪的软件存在对黑人的歧视》。[5]

文章提到的是一个名为坎帕斯（Campas）风险评估系统的商业软件。佛罗里达州布劳沃德县的法官和假释委员会用它评估某名被告能否在审判前先保释出狱。坎帕斯还会给目标人群打分，评估其被释放后的两年内再犯罪的可能性。记者团队搜集了几千份审判书，将目标群体以肤色进行划分，即白人和有色人种，据此分析坎帕斯的历史预测。在进行对比后，团队发现坎帕斯对黑人的打分导致“假阳性”的比例过高。所谓“假阳性”，即坎帕斯给出的风险值很高，但该个体此后并未被发现再次犯罪。文章发表后，坎帕斯的开发公司回应称，系统不存在任何歧视，因为归类为高风险人群的有白人也有有色人种，且精确度相同。在预测被归为高风险的白人或有色人种被告是否会再次犯罪上，坎帕斯具有相同的准确率（所谓的“预测性平等”）。然而，预测性平等和同样的假阳性率是两个不同的概念，二者都在定义公平，究竟谁对？进一步说，我们应该如何定义“公平”？卡耐基梅隆大学的统计学专家亚历山德拉·舒尔德乔娃（Alexandra Chouldechova）证明了上述两种“公平”不能同时被满足。我们甚至可以从更广义的角度证明，存在20多种对“公平”的可能定义，在多数情况下，这些定义是彼此矛盾的。

为什么？让我们进入一个具体的情境。想象某家银行使用算法评估灰色人群和白色人群5年后的破产风险。假定历史数据告诉我们，白色人群破产风险是灰色人群的两倍。现在，在未知某个体颜色的情况下，如果算法正确且公平，那么从统计学来看，被标记高风险的灰色人数应比白色人群少一半（见图5.1）。如果算法在两种人群中做到公平，那么被标记高风险的个体5年后破产的概率应该是一样的（即“预测性平等”）。假定破产率严格遵循统计学规律，灰色人群的破产率为20%，白色人群的破产率为40%，两个人群中被标记高风险的人有50%的概率会在5年后破产。此时算法实现了预测性平等，在统计学上执行了公平和正确的预测。但将那些被标记高风险但并未破产的人，和所有未破产的人进行对比，就会看出问题。在白色人群中，每6人中有2人被错误识别为高风险（33.3%）；在灰色人群中，每8人中有1人（12.5%）被错误识别为高风险。因此，算法将白色个体错误识别为高风险的概率更高，这就形成了技术上的歧视。换言之，要达到预测性平等和相同的假阳性率，在实际情况中是极为复杂和困难的。此外，我们还可以在数学上证明，无法同时满足第三种形式的公平，即相同的假阴性率。[6]

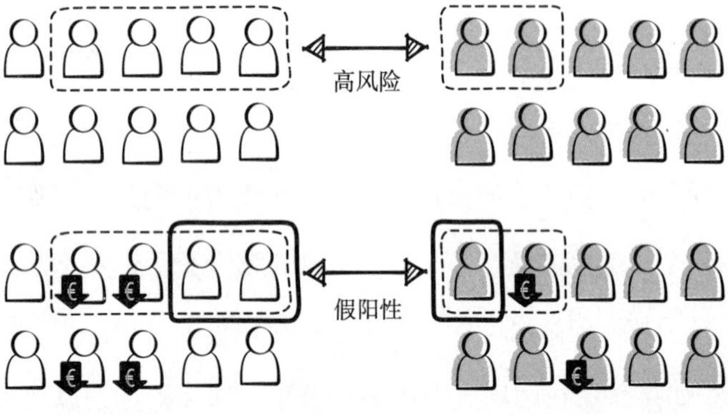

图5.1 对不同人群（种族、肤色等存在差异）进行预测。只要白色人群和灰色人群破产的概率不同，预测算法就很难实现预测性平等，假阳性率也不会相同。

对算法公正性的讨论十分微妙，它涉及理论和数学的诸多面向。要展开这样的讨论，我们尤其要清楚定义不同背景下展开预测应规避的“不公正”。学术界已开始反思“公正”这一概念本身，思考如何准确识别进而清除“不公正”的归类方式。这并非易事，一方面由于版权保护，另一方面由于我们无法准确解释机器学习的机制和进程，因此算法总是具有机密性或者显得不透明。此外，人工智能本身仍有一些深层次的、概念上的问题未解决，前文提到的谷歌流感趋势便是一例。

谷歌流感趋势

我们在前文提到谷歌流感趋势时，也许你已经试着搜索，却发现它已退出了应用。接下来，我们就要说说它的问题。2013 年 2 月，谷歌流感趋势再次得到了公众的关注，不过，谷歌创始人一定希望这类关注越少越好。《自然》杂志刊文称，谷歌流感趋势的预测就医人数是美国疾病控制与预防中心发布的实际就医数据的两倍以上。我们团队在惊讶之余，立刻着手跟进，并很快意识到，实际情况可能更糟。我们在对比谷歌流感趋势的预测结果和通过美国疾病控制与预防中心发布的数据构建的模型后，得出了清晰的结论。一言以蔽之：谷歌流感趋势失败了，或者至少也是一项需要进行外科手术般大修大补的技术。

我们的研究一经发表，立刻得到媒体的广泛关注。许多吸引眼球的新闻标题充斥主流媒体的版面，如《谷歌流感趋势也患上流感了》，甚至有人撰文称“谷歌流感趋势终结了大数据”。没过多久，谷歌公司便对风头一时无两的谷歌流感趋势实施了“安乐死”，而我们团队则被媒体称为“埋葬”了这项技术的掘墓人。这些对谷歌流感趋势的批评其实并不客观。一切都要从我和戴维·拉泽（David Lazer）在加利福尼亚州的一次闲聊说起。

拉泽的主业是政治学，但他对数据、算法及其在社会科学的应用十分感兴趣。2009 年，拉泽提出了《计算机社会科学宣言》[7]，在学界引发巨大关注。所谓计算机社会科学，就是要利用数据和信息技术构建社会科学的量化模型。2011 年，我将实验室迁到东北大学，和拉泽有了工作上的交集。我们共同主持了多个科研项目，参与其中的还有物理学家、信息工程专家、生物学家和社会学家。2013 年，就在《自然》杂志的文章发表后不久，拉泽和我约在洛杉矶的一家星巴克吃早饭。我们正聊着如何从社交网站上获取数据来预测政治选举，突然他好像想到了什么，问我：“谷歌流感趋势到底出了什么问题？”我愣了一下，坦诚告诉他我还没来得及深入了解。真正的科学家不会允许自己保持无知，这坦诚的一问一答成为我们后来合作的起点。

在继续讲述前，我们还是要客观地评价谷歌流感趋势。这项新技术当年横空出世，赚足了学术界和公共舆论的眼球，它挥舞着预测算法的旗帜，开启了新时代。同时，它的突然陨落也“预测”了算法和大数据在运用上的不足。从技术层面上说，谷歌流感趋势可以在 5 000 万个搜索词条中发现能清晰描述流感历史数据的搜索词条。然而，技术研发团队很快就意识到，很多检索数据与流感本身并不相关，比如刚好在流感季节举办的篮球联赛的相关数据，这类数据就要在预测过程中进行筛查和删除。

2009 年，非季节性甲型 H1N1 流感（也就是“猪流感”）暴发，造成数百人死亡和全球范围内数千例感染，然而谷歌流感趋势并未成功预测。同年，谷歌的工程师决定更新算法，在 2013 年 10 月发布了进一步修改后的版本。可拉泽和我们在认真分析历史数据后，意识到算法和数据分析的修正并未触及根本。新发布的谷歌流感趋势仍高估了流感的发病数量，比如它在预测 2011—2012 年和 2012—2013 年的季节性流感发病数量时，错误率一度超过 100%（见图 5.2）。遗憾的是，谷歌没

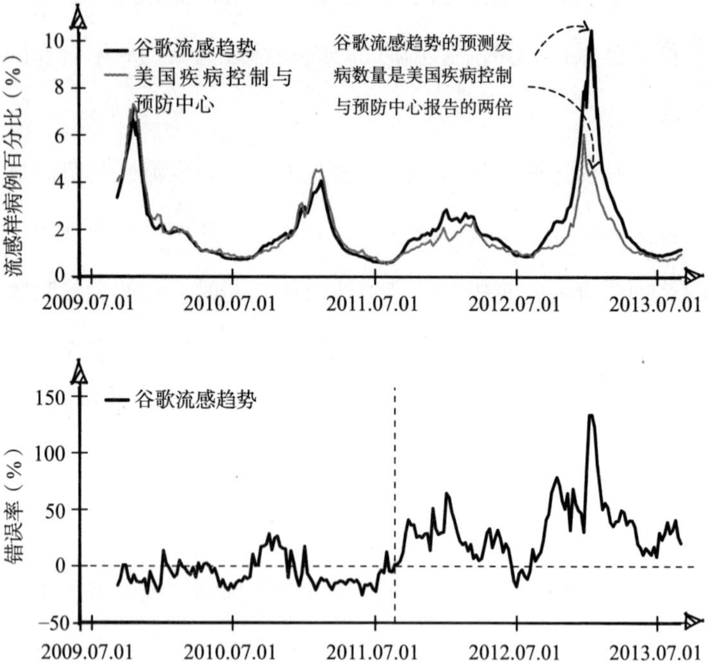

图 5.2　通过上方的图，我们可以很直观地看出谷歌流感趋势的实际表现。下方的图则直观呈现了谷歌流感趋势的预测数据错误率。

有开放算法权限，我们便自行发布了研究结果，公开了它的错误，并指出可能导致错误的机制。[8] 2014 年，美国圣菲市举办了主题为"下次大流行病的新一代监测"（Next Generation Surveillance for the Next Pandemic）的学术论坛，谷歌工程师在论坛上介绍了谷歌流感趋势近几年遭遇的技术难题。[9] 我记得，即便是谷歌的内部人士，也没能清楚解释为什么会有如此离谱的错误结果。到了 2015 年，谷歌流感趋势被关停，谷歌正式终止了流感预测的研究。谷歌从未公开澄清关停业务是因为系统遇到问题，还是因为总部失去了兴趣，谷歌流感趋势的成功和失败走出了一条抛物线。许多人声称，这就是人工智能和以大数据为基础的预测惨遭滑铁卢的最著名案例。

许多博眼球的说法都称谷歌流感趋势是运用大数据进行预测的经典失败案例。可我这个当年的“掘墓人”仍然认为，谷歌流感趋势在诞生之初不失为天才的想法，而它的失败同样具有价值。沿着谷歌公司的思路，许多后续研发仍在不断尝试非常规、非传统的数据搜集手段，通过融合来自不同平台的数据源［比如来自推特、照片墙（Instagram）和维基百科的搜索数据］来优化预测算法。今天，一项名为“流感挑战”（Flu Challenge）的应用能通过十几个模型，协同美国疾病控制与预防中心，最多可提前四周提供流感预测。[10] 失败者止步之处，后来者继续前行。从这个意义上说，谷歌流感趋势预测的失败比当年的暴得大名更有意义，它以自身的失败警示后来者，在社会体系中不加批判地笼统运用预测算法会遭遇何种局限性与风险。

我们从谷歌流感趋势的历史中，可以获得以下教训。首先，用户和信息系统交互产生的数据会随时间发生变化。谷歌搜索算法处理的并非停滞、僵化的数据。这一复杂系统产生的数据，是程序员们数以千次的运算和决策的结果，也是无数网民上网行为的结果。例如，推荐搜索是建立在他人此前搜索的基础上的，它同时也会增加特定关键词的体量。而谷歌流感趋势在模型中会使用这些关键词，换言之，谷歌搜索引擎自身的变化足以影响预测本身，但是造成这一影响的原因与季节性流感在现实中的发展毫无关系。对信息平台产生的数据进行统计、分析并预测，这与预测气温和降水量有本质区别，因为气温和降雨量的定义本身是清晰的，这些定义不会时刻处于变化之中。而推特、脸书等社交平台同谷歌的动态算法一样都处于不断优化（即变化）中，这意味着通过分析过去几年的历史数据来预测未来并不可行，因为过往数据本身未必会在未来重演。

其次，自动学习会习得与任意输入值 X 相联系的 Y 值，这一操作的基础是统计学的相关性，而相关性未必等于因果关系。在图 5.3 中，我们展示了美国缅因州的人造黄油消费量和离婚率的关系。[11] 二者在统计学上的确存在很高的关联度，但很显然二者不存在因果关系。矛盾的是，人造黄油的消费数据可能的确能作为预测 2000—2009 年离婚人数的参考指标，但显然我们不能以这一消费数据为基础来预测离婚率。

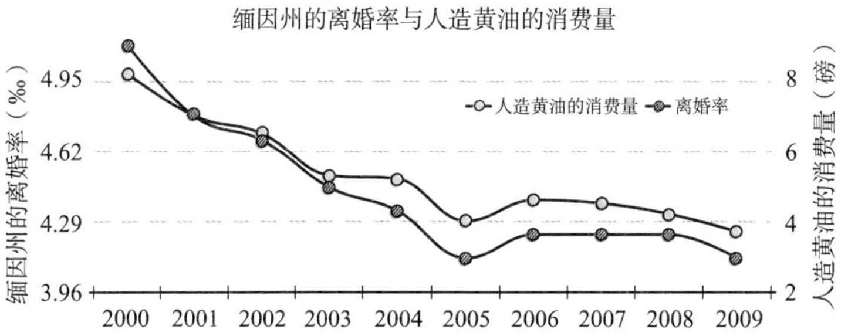

图 5.3　美国缅因州的离婚率和人均人造黄油消费量的关联。相关系数的数值范围为［-1,1］。其绝对值越接近 1，说明二者的关联性越强，图中相关系数高达 0.99。

数据来源：美国农业部国家生命统计报告，图改编自网站 www.tylervigen.com。

再次，算法运用大数据意味着被分析的数据拥有庞大体量和高度复杂性，这会令问题更加复杂。算法将习得不同组变量的关联，但这些关联未必能以简明直白的方式得到解释。如果因果与关联被混淆，那就会蒙蔽我们审视未来的视角。有时候我们面对正确的结果，却无法解释它的形成机制，甚至根本没有意识到已经得出了准确的结果。这就是所谓的“黑箱效应”（Black Box Effect），一方面它可能严重影响预测系统（如谷歌流感趋势）的可信度，另一方面预测者自然也会因为无法真正认识预测对象、探明原因而感到不满。谷歌流感趋势并未成功地告诉我们流感流行的本质，它无法解释病毒在某个季节是否更具传染性、疾病的潜伏期是多久、接种疫苗后多少人能免疫等关键问题。它只能告诉我们多少人有流感症状，却无法解释表象背后的原因。

这一问题在政治选举的预测中同样十分突出。对选民的政治倾向进行统计分析后，形成的调查数据是在人口学等学科因素被充分考量的前提下进一步被细致分类的，但凭借这些数据，我们仍然无法对选举结果进行准确预测。其原因在于，无论是通过调查问卷还是电话访谈，我们得到的数据在统计学上总有一定的不确定性。2016 年的美国总统大选就是离我们最近的例子。特朗普的胜选引发了对选举定量分析的潮水般的批评。最先进的预测模型告诉我们，特朗普胜选的概率为 20% ~ 30%，但这与现实的不一致并不必然说明预测是错误的，因为需要数十年时间来验证在完全一样或者至少相近的情况下，预测模型是否的确存在错误。政治选举预测模式的不确定性，其实与天气预报的不确定性可以等量齐观，可我们并不会情绪激动地指责天气预报出错伤害了我们的感情。为什么相似的不确定性却造成了如此天壤之别的感受？这显然是因为美国总统大选四年一次，对国家、社会造成巨大影响，从而放大了预测偏差的社会反应。

最后，我们还应考虑到，建立在自动学习和人工智能基础上的预测模型暗含一个前提，即“我们的未来就是我们的过去”。从这个意义上说，未来已经以某种方式在过去被写下来了，预测就是回到过去，借助计算机的强大算法快速有效地执行对过去的研究，从中发现与今天相似的体系。从上述假定出发，我们不难做出如下推导：提供给算法的数据越多，预测就越精确。当我们对一年中某一天的气温进行预测时，情况的确如此。掌握过去几百年间气温的历史数据，就有助于建立有效的数据库，使气温更具预测性。然而当我们进行流感预测时，将最近二三十年的流感数据提供给计算机，是否同样有效呢？[12] 要知道，这些历史数据来自不同年代的人，在这二三十年间，医疗体系和公共卫生体系并非停滞不前，而是经历了巨大变化。僵化地处理历史数据，形成刻舟求剑般的预测模式，这就是谷歌流感趋势当年无法规避的局限性。它分析的过去与当下、未来均无关，在这种情况下，大量数据反而会对预测造成负面影响。

因此，当我们将人工智能引入对社会系统的预测时，必须慎之又慎。预测社会发展与图像识别、计算机下象棋等算法都不同，前者需要更高的透明度和可解释性，需要我们对预测本身的局限性和形成这一局限性的机制有深刻的理解。

理论死了，理论万岁！

本书第三章提到，克里斯·安德森在发表于 2008 年的论文中认为“相关性已足够。我们可以分析数据，而不用假定这些数据到底展示了什么”。今天，我们已经明白，预测不是万能药，我们的预测方法必须扎根于对某个现象在理论层面的深入认识，否则，我们既无法明确预测何以有效，还可能因此生成完全错误的预测，从而构建出错误的知识体系。换句话说，我们不能满足于“虽然我没明白怎么回事，但是预测的结果确实有效”的心态，这种心态不仅是不严谨的学术态度，更会将我们引入认知上的陷阱。

从古希腊人到哥白尼，人类对天体运行的认知都以托勒密体系为基础，即地球是不动的中心，所有行星都绕着地球运行。后来，天文学家通过观察一年内行星光亮的变化，意识到行星并非总是和地球保持同样的距离，因此提出进一步的假定，即行星和太阳以各自的小轨道绕圈（即“本轮”），而这些“本轮”的中心沿着“均轮”的大圆绕地球运行。

这一理论当然仍然是错的，只不过的确和当年不精确的部分天文观察吻合。当错误的理论“偶尔”奏效时，我们便会被引入认知上的陷阱。事实上，托勒密体系持续了 2 000 年，直到哥白尼发表《天体运行说》，此后现代物理学又经过伽利略、牛顿等人的不断发展，“日心说”才完全取代了“地心说”。今天，我们身处人工智能和黑箱效应并存的时代，这意味着我们仍可能第N次掉进托勒密体系等概念陷阱。

安德森认为，理论死了。可要避免掉进预测的陷阱，我们要做的反而是回归理论。我们要更好地从理论上理解和认识算法，打开“黑箱”，对人工智能创造的模型有更加透彻的理解，从而得出能被清楚解释的结论，而不是对结论（哪怕它们是准确的）一知半解——换言之，要知其然，更要知其所以然。

此外，预测科学应当使用数据和算法去复制自然科学的成功经历。与机器学习建立在识别和确定统计学关联的基础上不同，气象预测的基础是描述大气运动的流体力学和热力学方程，其算法机制是构建理论模型，并通过涉及温度、压力和湿度等变量的实验，将理论模型转化为有效的方程。[13]这些方程就是算法的核心，而气象预测的本质就是在计算机上对气象系统进行模拟以解答这些方程。因而几天内的气象预测可以相当准确。

向自然科学预测学习，是一条行之有效的道路。我们不仅可以预测冲突、流行病、脸书上某篇文章的传播，也完全可以借鉴自然科学预测的手段，在计算机上通过严格的数学定义和方程来模拟人类个体及生活。在下一章中，我们将看到，数据和算法开启了人工世界新时代的大门。

第六章

人工世界

下次大流行病何时暴发？

一切始于2014年2月。圭亚那一名三岁男童后来被确认为0号病人。他可能因为接触果蝠而感染。起初，消息并未受到各国政府和公共卫生机构的重视，因为埃博拉病毒并非新型病毒，以前也出现过，很快便销声匿迹，当时患者在感染后短时间内便死亡，因此病毒尚未传播到其他地区。埃博拉病毒能通过感染者的体液（如唾液、母乳、血液、泪水、精子、尿液、粪便、呕吐物、汗液等）实现快速人传人，人在接触携带病毒的动物或者被病毒污染的环境时也可能被感染。埃博拉病毒会造成患者出血热，致死率较高，患者有60%～80%的可能会在数日内死亡。古代的制图家将非洲视为未知的土地，并在地图上标注“此处有狮子”（hic sunt leones）。到了2014年，非洲不再是人类社会的孤岛，它同样经历着速度惊人的变化。城市化、逐步完善的交通和通信网络都深刻改变着非洲的社会结构。

很快，埃博拉病毒便侵袭了第一座大城市——几内亚的科纳克里（Conakry），该城拥有200多万人口。此后，病毒传播速度不断加快，临近几内亚的利比里亚、塞拉利昂等国都出现了病例。2014年8月，世界卫生组织正式宣布埃博拉疫情属于国际重大公共卫生危机，拉响了传染病的最高级别警报。在那个夏天，埃博拉病毒在西非地区的传染数据每天都在更新，我们意识到这已经是一场严重的国际危机。情况似乎失控了，死亡人数在以几何级数增长，疫情已扩散到非洲之外，形成全球蔓延的趋势，美国和欧洲部分国家也开始出现确诊病例。

当时，我们已经跟进研究，但没想到这场马拉松式的研究在一年后才结束。[1]我们很快与来自世界各地的研究团队展开合作，以最快速度研发算法模型，预测未来几周的死亡人数、流动医院的需求量、疫苗研发的最优方案。这些都是公共卫生机构进行决策时所需的关键信息。人命关天，时不我待。公共卫生机构当时对我们提出的要求是：一周内就要出结论，越快越好。然而，西非各国的医疗基础设施仍然十分落后，它们提供给我们的第一手数据十分简陋，我们的工作面临巨大的挑战。要构建精确的预测模型，准确的数据是关键。我还记得布鲁诺·凯斯勒基金会（Bruno Kessler Foundation）的两位同事马尔科·阿耶利（Marco Ajelli）和斯特凡诺·梅尔勒（Stefano Merler）告诉我，他们正在利用谷歌地图卫星照片计算已出现疫情的村落房子的数量，从而预估边远地区受疫情影响的人口数量。有必要提及的是，我们的工作显然不能替代一线的医务工作人员和志愿者。每当疫情袭来，这些充满奉献精神的普通人甘冒生命危险冲在抗击疫情第一线，他们是真正的英雄。疫情的暴发吹响了各条战线的迎战号角，而我们的预测工作则是应对疫情的新型智能武器，能预判疫情的动向，提供战术指导。在抗击埃博拉疫情的战斗中，我们成功评估了建造隔离区等具体措施是否有效，预测了疫苗投放的效果。我们是运筹帷幄的战士，实验室就是我们的行军床，超级计算机就是我们的战场，我们的任务就是通过模型追踪个体的移动，以每个家庭为单元，迅速准确地再现疫区的社会生态。

这谈何容易。我们研发的算法要处理大量与社会、经济、医疗卫生、人口流动相关的数据，通过大量模拟实验，准确描述埃博拉病毒的传播机制。精准而快速的预测离不开多学科顶尖团队的密切合作，互联网成功打破了地理上的藩篱和界限，联通了生物学、数学、经济学和社会科学的顶尖研究人员。2016 年 1 月，西非地区的埃博拉病毒终于被彻底清除，全球共计 28 000 余人确诊，约 11 000 人不幸死亡。这是令人沉痛的数据，但客观地说，在疫情暴发之初我们就担心的最坏局面并没有发生。预测工作为度过疫情的至暗时刻做出了自己的贡献，因为精准而及时的预测，人类在抗击疫情的斗争中有了先手优势。

那么，在 2014 年埃博拉疫情中，预测究竟是如何发挥作用的？其机制与气象预测或者热带气旋预测有相似之处。如前所述，我们已习惯了打开手机上的天气预报应用程序，查看明天的天气。这么稀松平常的操作几乎让我们产生了错觉，似乎天气预报就像用手指轻轻一点那么轻松。其实不然，每次的天气预报都是研究人员通过计算机算法对大气进行数字模拟的结果。运用数字模拟时，不仅要找出庞大的数据之间的关联（与人工智能的算法一样），还要遵循基本的物理学法则。数字模拟的理论核心就是方程，基于当下的气象数据，这些方程可以描述大气和海洋的流体运动。这些方程的解，为我们提供了对此后不同时间段（几小时或几天）的预测。预测模型还要充分考量气象学数据本身的不确定性，因此最终形成的预测就是我们前面提到的概率预测。

理解了气象预测的基本原理，我们就不难理解疫情预测的根本机制。二者同为预测行为，具有相似性，其不同之处同样显而易见。从根本上说，在预测疫情传播时，我们同样要借助方程来描述现象，只不过此时描述的不是大气的流动，而是病毒的传播。这里有必要提及疾病传播的一个基本理论，即“传染理论”，这一理论由威廉·克马克（William Kermack）、安德森·格雷·麦肯德里克（Anderson Gray McKendrick）、洛厄尔·里德（Lowell Reed）、韦德·汉普顿·弗罗斯特（Wade Hampton Frost）等学者在20世纪初先后在英美等国提出。传染理论将人群分为三类：第一类是易感染人群，换言之，他们尚未被感染；第二类是已感染人群，即病患；第三类是不再具有传播风险的人群，他们或者已经幸运地康复，或者已经不幸去世。这三类人群对应了病毒传播的三个阶段，而导致人群从某个阶段过渡到下一阶段的因素则取决于病毒自身特性，以及人与人的互动水平。

以流感为例，你感染流感的概率与流感病毒自身是否易传染、你是否密集接触感染人群直接相关。在确诊后能否痊愈，则与个体免疫系统相关。一般来说，流感病毒进入人体后，免疫系统会在2~5天内起作用，这意味着人依靠自身免疫能力击败流感平均需要2~5天。根据这一理论，我们可以构建一个区间模型，将每个个体置于特定区间。随后，该模型还要进一步完善信息：个体是否接种疫苗、是否入院治疗，个体的性别、年龄等特征，以及其他能描述传染进程的相关因素（包括具体症状、患病导致的行为习惯的变化等）。总之，个体信息和生物学数据越精确，模型对现实的反映就越接近真实。

研究者使用的模型，本质上都是简化的。在这些模型中，人群由一个个完全相同的虚拟个体组成，系统不考虑可能对疾病传播造成影响的区别性因素，比如不同群体存在的经济水平差异，以及因此造成的医疗条件的不同。换言之，这一模拟只是对现实情况的估计，而非对现实的克隆，但这些预估已经能够帮助研究者深入理解某些现象，如病毒的复制水平，即每个被感染的个体可能传染的人数的平均值（见图6.1）。借助上述概念，我们将感染的过程量化，进而在数学上

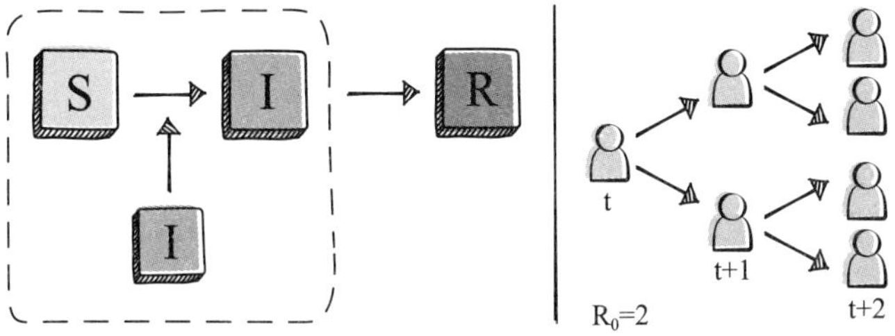

图 6.1　左图为 SIR 模型，抽象描述了疾病的传播情况。S 表示易感者，I 表示感染者，R 表示康复者。易感者（S）通过与已感染人群（I）接触而成为感染者（I），从感染者（I）转变为康复者（R），则只与个体的病愈时间有关。右图为病毒的基本传染数（R_0，在本图中这一数值为 2）的示意图。基本传染数为每个感染者平均传染的人数。

描述病毒在某个特定人群中的传播现状。当我们确定好方程后，接下来的步骤便与气象预测相仿，只不过使用的方程会更加复杂，同时还要充分考虑人类社会盘根错节、毛细血管般的微观数据，如个体的迁徙、可能限制病毒或微生物传播的环境因素等。换言之，我们要在时间和空间的维度上，研发出疫情发展的动态模型。

美国佛罗里达大学生物统计学教授艾拉·隆基尼（Ira Longini）是该领域的前沿学者。作为一位严肃的学者，他在生活中却总是气定神闲，你总能很快在人群中认出他——那个穿着夏威夷衬衫的就是。这身打扮与美国东南部的气候很搭。隆基尼的研究领域是数学流行病学，这门学科旨在构建模拟所依据的数学模型。近年来，在应对多次医疗危机（从 2009 年的流感大流行到后来的埃博拉疫情）的过程中，他的研究为公共卫生部门制定干预政策提供了有效参考。我们多年来一直保持合作。我记得，在伦敦召开的世界卫生组织会议后，在伦敦的一家酒馆，几杯啤酒下肚，他和我们聊起了一件尘封的往事。

20 世纪 80 年代，隆基尼在美国佐治亚州的亚特兰大工作。某天，伦敦卫生与热带医学院（London School of Hygiene and Tropical Medicine）的同事转交给他一封苏联来信，信上密密麻麻地写满了复杂的公式，还附上了一个算法，落款是苏联控制论专家列昂尼德·勒瓦乔夫（Leonid Rvachev）。勒瓦乔夫告诉隆基尼，自己正在研究如何预测苏联境内的流感传播趋势。勒瓦乔夫的基本观点是，疫情之所以会暴发，是因为病毒携带者在潜伏期内，在不知情的情况下仍四处活动。20年来，勒瓦乔夫已对苏联许多城市的居民轨迹展开跟踪，掌握了本地居民的迁徙和流动数据。他告诉隆基尼，自己掌握的数据和算法已经为成功预测打下了扎实的基础。

勒瓦乔夫提出的模型的确已颇具成效，但其局限性也不言自明。他告诉隆基尼，自己的模型“出不了国”。仅凭一国的数据得出的模型不能放之四海而皆准。他知道隆基尼也在独立推进相似的研究，因此冒昧写下这封信，寻求美国同行的帮助。当时冷战尚未结束，两位来自不同政治阵营的科学家就此开始了长年通信，讨论如何进一步改进勒瓦乔夫的模型，并将研究成果推向全球。他们合作预判了甲型流感如何在世界上52个城市传播。根据推测，1968年，这一流感最早可能源于中国，香港是它侵袭的第一个超级城市。而后甲型流感波及多个国家，到1969年势头才有所缓解。勒瓦乔夫和隆基尼进行反复测算后，提出了新的算法模型。他们对52个城市间的航班网络进行了网格化处理，以评估航空旅行对流感在全球范围内传播的影响。在对比了世界卫生组织报告的数据后，他们确定掌握了准确的数据，通过空间模型，根据有效距离估算流行病可能在什么时间到达哪个地点。

要知道，勒瓦乔夫和隆基尼最初合作还是在1985年，当年能够获取的数据体量与核心技术和今天不可同日而语。尽管如此，这一传奇的合作模式仍在理论上证明了，如果能准确描述个体的移动数据，就能预测疫情传播。当然，他们都意识到了这一系统仍不完善，还需要更多信息，仅仅52座城市的数据并不够，交通网络的数据也需要进一步补充。此后，两位科学家携手搭建了用于研究疫情传播的国际数据库，并取得了初步进展。

几年后，两位书信往来的同行终于见了面。隆基尼后来告诉我，那是在苏联举办的一次国际研讨会上，他和勒瓦乔夫交谈时总有不请自来的听众。这些苏联特工人员自称科学家，总出现在他们身边侧耳偷听谈话内容，有时还主动参与讨论。两人不得已只好躲进厕所，打开水龙头，用流水声盖过讨论声。勒瓦乔夫有一次忧心忡忡地告诉隆基尼，他们的合作已引起了苏联政府的关注，而当时美苏正在进行核军备竞赛。几个月后，勒瓦乔夫神秘消失了，隆基尼再也没收到过他的来信。再后来，勒瓦乔夫的儿子写信告诉隆基尼，父亲已离奇去世了，政府方面最终也没有给他们合理的解释。

当我在2004年开始以物理学家和计算机科学家的身份投身疫情预测领域时，我很确定这一领域与气象预测极为相似。今天，气象预测已经不再神秘，我们每个人的智能手机都具备这样的基础功能。而在1985年，隆基尼和勒瓦乔夫突破冷战思维，展开东西方科学合作时，疫情预测的技术仍处于蹒跚学步的阶段。到了2008年，流行病学家伊丽莎白·哈罗兰（Elizabeth Halloran）的研究再次实现了突破。[2] 她将不同的计算机模拟现实模型进行交叉对比，从而检验美国防治大流行病的各种干预政策的效果。最近20年的数字革命为这一领域的飞速发展提供了充足的燃料，从微观层面的病毒基因序列到宏观层面的人口迁徙，从社交媒体到手机，凭借形成的海量数据，我们对流行病的了解在不断加深。今天，疫情预测模型可以在计算机上构建出人工世界，这些虚拟世界能真实模拟传染病的传播，从而推动了计算流行病学的发展。

要确定疫情的传播路径，当然离不开地图，以描述人群在空间上的分布。美国国家航空航天局资助的“世界网格人口”（Gridded Population of the World）[3] 已经能精确预测一平方公里范围内的人口数量。在世界网格人口数据集的基础上，我们可以进一步添加社会人口的相关数据，从年龄、性别等角度来精确定义人口。此后，还要进一步增加与描述流行病相关的重要数据，如地方医疗基础设施及医疗卫生人员的组成、人口的流动性、决定个体流动的交通设备等。在整合多项关键数据后，这一虚拟人口模型已经相当立体和真实。通过整合人口数据，我们就能准确描述某国国内人口迁徙、国际人口流动，甚至某个城市人口上班通勤的细节。

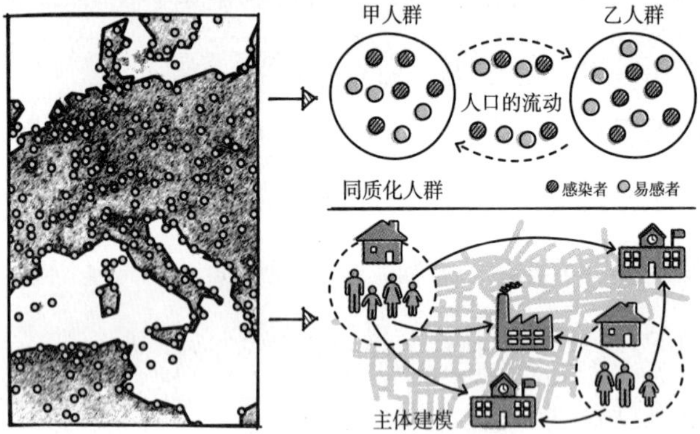

图 6.2　疫情传播的一个典型模型。首先，要在细分的地理区域上准确描述相关人群，这些细分区域就是地图上的人口主要聚集区（即地图上的城市）。然后，计算机对个体在不同人群间的流动情况进行模拟，追踪感染者和易感者的轨迹。在更为细节化的模型中，计算机能够快速对数百万个方程展开运算，从个体层面描述疫情的传播轨迹。

在完成了上述处理后，我们就能构建预测模型，明确描述疾病在人与人之间传播的机制。在我们将疫情的初始条件（感染人数、感染者的初始位置等数据）都提供给算法后，模型就可以通过运算，模拟病毒或者细菌如何在时间和空间上进行传播。从更细节化的角度来说，主体建模还可以明确个体和他们的家庭、工作单位、学校等的关联。我们因此能获得统计学意义上等同于真实人口的人口数据模型，能够以天为单位模拟几百万甚至几亿人的生活，包括他们的流动和互动。[4]计算机通过数百万个指令对这些人工社会进行解码，能够预测传染病将在何时、何地暴发，以及可能的严重程度，并形成清晰的曲线，呈现时间、地点、新增病例数、入院人数以及其他相关信息。

不管模型多精确，别忘了，我们这里说的仍是概率预测。如前所述，天气预报不会告诉我们未来数小时内一定会下雨，而是提醒我们降雨概率有多大，帮助我们判断出门要不要带把伞，或者去山里野营时会不会刚把桌子支起来就赶上雷阵雨。预测模型本身受到随机性的支配。通俗地说，在疫情预测中，随机性就是某个个体在活动中将疾病传染给同事的概率。计算机从初始条件出发，能模拟出数百万种疫情发展的可能性，通过对未来各种“场景”的分析，指出发生概率最大的事件。没有哪个预测模型能笃定地告诉我们，什么事一定会发生在什么人身上，就像没人能告诉你，下次闪电一定在什么地方出现。气象预报模型每年都会预测热带气旋的行进轨迹，同理，传染病预测模型也会预测疫情的行进轨迹。今天的预测模型能告诉我们，针对某个城市，病毒从何地传入的可能性最大（见

图 6.3)。这样一来，我们就能对疫情可能侵袭的大城市进行排序，寻求最优解决方案。世界各国政府和公共医疗机构便会根据预测模型提供的结论彼此协调，在国际社会的共同努力下拦截病毒的扩散，优化疫苗的投放使用。在 2014 年埃博拉疫情暴发后，全球卫生医疗机构史无前例地寻求计算机预测模型的帮助，以更深入地认识疫情的发展趋势。

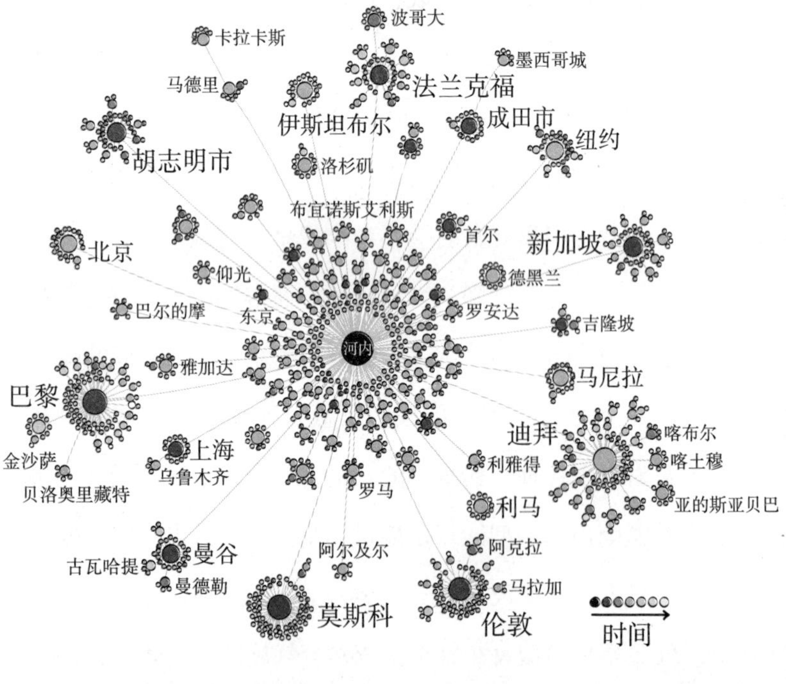

图 6.3　起源于河内的流感大流行病，首先会传播到大城市。图中城市的颜色越深，说明被感染的时间越早。每一个大的“节点”都由很多后续被感染的城市（其他“节点”）包围。

当然，埃博拉疫情结束后，我们并未功成身退，而是在不久后便投入下一场战斗。2016 年，寨卡病毒暴发。前文提到，寨卡病毒会导致新生儿罹患小头症和其他神经性疾病。当时，我们对这种病毒的理解仍相当有限，留给我们的时间则更为紧迫。眼看距离巴西里约奥运会开幕只有几个月的时间了，而在拉丁美洲和加勒比地区已出现数百万确诊病例。此外，埃博拉病毒只能人传人，而寨卡病毒则能通过蚊子叮咬实现传播。这意味着我们的预测模型不仅要考虑人的行为，还要考虑这种恼人的小虫子的生命周期及分布情况、当地的气候变化等，甚至居民家中是否安装空调都是我们要评估的因素。起初，这些问题似乎都是无解的。不用我说，大家都知道，蚊子是不用手机的，还会飞，我们又如何在几平方公里的范围内准确描述它们的分布情况呢？好在昆虫学家过去已搜集了大量数据。通过强大的机器学习算法，国际合作团队最终成功为我们的预测模型提供了必要的输入数据，使我们得以对疫情的传播进行初步模拟。共计超过 75 万台计算机被投入这项系统性工作中，以确保实时运算的进行。如此大体量的运算如果交付给一台最新款的台式计算机来运行，那至少需要 110 年方能完成。

有一天，团队中两位负责模拟运算的同事张茜（Qian

Zhang，音译）和马太奥·基纳齐（Matteo Chinazzi）告诉我，我们的工作受到谷歌公司的关注，他们来函询问我们究竟在做什么研究。我记得我给出了简明直接的回答："我们正在对10亿人口和60亿只蚊子进行模拟。"这个回答显然令谷歌方面大为惊讶。在全面了解我们的项目后，谷歌公司决定主动参与。此后，我们的项目获得了几乎无尽的信息资源。学术界和商业公司的成功合作成果显著，部分成果甚至出乎我们的预料。[5]我们意外发现，寨卡病毒在2014年初便已进入巴西，这比卫生防疫部门观察到的2016年暴发第一波疫情提前了两年！在疫情预测领域，计算流行病学的强大模型如同神话故事中的魔幻水晶球，在正确的魔法和咒语的加持下，它为我们预见了未来，也让我们更加看清了过去。因为这一重大而意外的发现，防疫部门准确再现了疫情的传播轨迹。毫无疑问，最近10年，计算流行病学取得了突飞猛进的发展。今天，美国学术界和政界都有声音，呼吁建立一个和总部位于迈阿密的国家飓风中心相似的传染病预测中心，目前，这一倡议尚未成为现实。不过，在20世纪90年代的新墨西哥州，政府部门在其他领域便已经实现了对模拟模型的运用。

接下来，我们乘飞机前往新墨西哥州去看看。

钟摆与核爆炸

即便在出行已如此便利的今天，要去洛斯阿拉莫斯小镇仍要颇费一番周折。出了新墨西哥州的阿尔伯克基机场，还要坐车去圣菲，从那里穿过群山，饱览美国西部蛮荒的自然风光，最后才能抵达这座小镇。这里常住人口只有 1.2 万人左右。初到洛斯阿拉莫斯，你会以为这不过是座不能更普通的小镇。镇中心有个大型购物中心，只有屈指可数的几家餐厅（当然还有星巴克）。

不过，你可别小看洛斯阿拉莫斯，这里的博士占比全球最高！就在小镇附近，有一个占地超过 5 公顷的研究中心，里面有些实验室挂了牌，你能看出是做什么的，还有很多神秘建筑，外面什么标识都没有。这就是洛斯阿拉莫斯国家实验室（Los Alamos National Laboratory，简称 LANL）。这座国家实验室成立于 1942 年，当时它的第一个任务是研制核武器的“曼哈顿计划”。当年的洛斯阿拉莫斯小镇在地图上是幽灵般的存在，上千名秘密在这里工作的科学家只有一个通信地址——新墨西哥州圣菲市，邮箱 1663。当年的绝密实验室今天已经为公众所知，它直接隶属美国能源部。不过，如果你要来参观访问，就要经过非常严格的检查，且参观全程会有专人陪同。如果你仍想在这里体验恩里科·费米、罗伯特·奥本海默当年紧张的工作氛围，恐怕就要失望了，如今的洛斯阿拉莫斯国家实验室已是个充满现代感的科研基地。

战争的阴云已经从洛斯阿拉莫斯国家实验室上空消散。如今这里不仅仍在研究核问题，以回应国家安全方面的可能挑战，还致力于材料科学、生物学以及人工智能领域的前沿研究。21 世纪初，我曾在洛斯阿拉莫斯国家实验室工作了一段时间，与我对接的科研团队是人工社会构建领域的顶尖专家，他们当时正在研究交通分析与仿真系统（TRANSIMS）的建模。[6]简而言之，该项目旨在提供一个预测分析的工具，来评估城市交通系统的变化造成的各种影响和冲击。系统的所有模型都是在个人层面展开的，而非基于区域人群。换言之，它所再现的都市区域完整呈现了这一区域内的个体活动，以及该区域的交通基础设施。在此基础上，交通分析与仿真系统能模拟出个体在交通网络中的移动情况，比如出行时是开车还是搭乘公交车，分析区域内交通动态，由此预测污染气体的排放，评估某个城市交通体系的整体运行情况。交通分析与仿真系统还能对不同交通系统间的关系展开分析，比如如果开车出行耗时太久，那么人们是倾向于坐公交车，还是干脆换个时间错峰开车出行。更重要的是，该系统能够掌握个体出行轨迹的相关数据，如方位、路线以及出行方式，从而预测城市交通系统的变化是让人们的生活更方便还是更麻烦。

科学研究有明确的传承，前人的努力为后人奠定了基础，提供了灵感。交通分析与仿真系统的研发团队正是站在巨人的肩膀上完成了接力。通过建构虚拟世界，让计算机预测在现实世界中会发生什么，这一想法诞生于20世纪40年代的洛斯阿拉莫斯。斯坦尼斯瓦夫·乌拉姆（Stanislaw Ulam）和约翰·冯·诺依曼两位科学家当年都是“曼哈顿计划”的成员，他们首次提出了元胞自动机（Cellular Automata，简称CA）模型。这一模型是研究复杂系统行为的理论框架之一，也是人工智能的雏形之一。元胞自动机模型由立方体网格（lattice），也就是“元胞”这种基本单位构成，每个网格具有一些状态，但在某个时刻只能处于其中的一种状态。每个网格根据周围网格的状态，按照相同法则改变自身的状态，简而言之，每个网格的状态是由上个时刻与它相邻的网格状态决定的。乌拉姆和冯·诺依曼还设计了基于随机数的算法，解决了概率问题。他们提出的元胞自动机理论虽然受到了当时的计算水平的局限，但对“曼哈顿计划”的模拟工作而言，其意义仍是奠基性的。两位科学家决定以“蒙特卡洛”来命名算法，你也许已经猜到了，这个名字正来自世界著名赌城之一蒙特卡洛。据说，这个命名是乌拉姆的同事、物理学家尼古拉斯·梅特罗波利斯（Nicholas Metropolis）的提议，原因是乌拉姆的叔叔常光顾赌场，而概率是赌博游戏的根本，也是乌拉姆和冯·诺依曼的理论的精髓。

在计算机上构建概率模型，充分考虑现实世界的各种变量，进而提出预测，这是乌拉姆和冯·诺依曼的理论的革命性突破，也是我们今天模拟人类社会的基础。20 世纪 90 年代，交通分析与仿真系统的问世便是这场科学革命的直接产物。从“曼哈顿计划”到交通分析与仿真系统，人工社会的研究仍在不断逼近这一领域的边界。今天，交通分析与仿真系统的研发团队已搬离了洛斯阿拉莫斯，在弗吉尼亚理工大学生物复杂性研究所安家，团队提出的最初模型也在不断优化。随着研发技术的进步，他们获得了政府划拨的超过 2 700 万美元的资金支持。如今，交通分析与仿真系统项目已经成为美国《国家应急规划情景》（National Planning Scenario ）的一部分，服务于国家安全，比如预测美国遭受核打击时首都华盛顿将会发生什么，在计算机上再现战争中可能遭轰炸的每个建筑、街道、通信中继站等。

这一预测回应了政府的核心关切，该系统为政府应对核打击级别的重大危机事件提供行之有效的预测工具。此外，它还能准确判断在通信中继站被切断供电的最初几小时内，是应该对某地区进行军事化管理，及时疏散人群，还是应尽快设法恢复电力供应。[7]在这个人工世界中，共有730 000个个体，从统计学意义上来说，它们与真实的人群并无二致，还会通过不同的行为模式来应对各种事件，如从某地区疏散，或者在灾后寻找亲人。这有助于发现反直觉的现象，例如在核爆炸后，人们尤其要等通向原爆点的路疏通后再设法与亲人联系。在这一预测工具的帮助下，政府就能更好地应对诸如核爆炸这类重大危机。总而言之，预测模型在对模拟的各种危局进行分析预测后，提供给相关管理部门的报告，已堪称一本行之有效的危机管理手册。核打击是相对极端的危机局面，除此之外，交通分析与仿真系统还能对海啸、地震、生化泄漏等自然灾害和人为危机进行预测。即便是2008年英国女王提出的经济问题，也能被预测。

据报道，英国女王伊丽莎白二世在2008年金融危机期间，曾经提出了一个令许多经济学家颇为尴尬的问题。有一次，伦敦政治经济学院召开会议讨论国际金融市场的剧烈震荡，当时雷曼兄弟几个月前刚破产，美国股市蒸发了近一半的市值。在场的女王问各位专家："怎么就没人预见今天的这一切？"确有经济学家提出过预警，但大部分业内专家并未感受到风暴来临前的任何风吹草动。我们也许不应该苛责经济学家。经济危机的确很难预测。在全球经济一体化的背景下，经济运行周期不断缩短，我们今天掌握的数据（贷款、公司股份、商誉等）中有很多并非公开信息。经济活动充满了各种投机行为，而市场本身也并不总是理性的。这些都加大了预测经济运行的难度。当然，每次经济危机结束后，人们往往会老调重弹，强调预测经济危机、评估金融体系是否稳定的重要性。各国金融监管部门痛定思痛，引入了压力测试，以评估银行资不抵债的风险。所谓压力测试，用金融术语来说，就是通过分析和模拟，评估某个金融工具或金融机构应对经济危机的能力。要进行有效的压力测试，我们就要明确一些可能的情境，如某家银行在承受经济下行压力时，具体可能发生哪些情况。此时，测算系统风险尤为重要。因为承受压力的甲银行同时和金融业内的乙、丙、丁等机构都有业务往来，没有哪个机构是资本市场上的孤岛，压力会在机构间传导，可能引发多米诺骨牌效应。以模拟为基础的预测模型，能够充分评估银行业网络的复杂性，从而提供重要预测。[8]瑞士和意大利的同行们就合作研发了一项算法，对资不抵债风险在金融网络中的传导机制进行模拟，并以此为基础对某家银行破产可能导致的所有后果进行分析，进而评估哪些金融机构未来面临的风险最大，具体某家机构的破产所带来的影响有多大概率会传导至整个金融系统。

有趣的是，在资不抵债风险的传导过程模型中，债务的流动性与病毒的传染模式是相似的。由此，传染理论走出了传染病学，成为一个跨学科概念。明确了这一点，传染理论与计算机模拟也可以延伸到市场营销、新闻传播等其他社会科学领域。

社会传染

能对单个个体进行模拟的预测模型具有多种优势。我们能够很轻松地导入与人的复杂性相关的种种假设，诸如个体的行为模式、是否理性、学习能力，以及与他人交往的原则等。另外，这种预测模型非常灵活，能够改动描述层级和聚合层级：我们能够以具备不同特征的群体来定义模型，也可以以不同的空间分辨率或时间分辨率对其进行考察，小到一个社区，大到一个国家，短至一分钟，长达数年，都可以灵活进行设定。而这些模拟过程和概念还可迁移到其他应用领域。传染理论就可能被发散推广到与生物学无关的社会现象传播中，比如知识的传播、政治理想的传播、时尚的传播都可以用传染理论来解释。当我们说某个明星引领了时尚潮流，许多人竞相模仿跟风时，这就意味着他通过各种活动，将某一时尚“传染”给了人群。这样的“传染”行为构成了我们的社会网络，提示我们可以通过传染理论来观察、分析、预测社会体系。在社会体系中，“易感者”就是尚未接受某种思想或信息的人，换言之，他们仍有待“被感染”。相应地，那些认同某种理念并积极传播它的就是“感染者”。“康复者”则是尽管获悉了这些信息，但无意进行传播的人。在这一过程中，被传播的“病毒”就是思想、知识、理念，或者某种新产品，它们各具特点，可能易被传播，也可能不易被传播。

在 20 世纪 60 年代，社会学和经济学学者已经意识到了“社会传染”理论与流行病学的相关性。广告节目、政治集会、体育比赛、时装走秀，这些社会活动都是社会传染的渠道。社会传染的数学原理和生物传染的运作机制如出一辙。举例来说，如果 100 个人购买了某款智能手机，他们分别在每个月都说服一名新使用者购买同款手机，那么在第一个月月底，这款手机会有 200 个用户，到第二个月月底就有 400 个用户，以此类推。这类似于图 6.1 所示的过程，此时，该款手机的“复制率”为 1。然而，人口数量毕竟是有限的，这一“传染”不会无限制进行下去。手机使用者将越来越难在人群中找到尚未购买这款手机的人。当有一半的人都成为这款手机的用户时，“复制率”就会下跌 50%，“传染”速度会非常慢，直到最后总购买人数不再增加，整个过程中购买人数呈现 S 曲线增长。这就是新的产品（或者理念）在人群中传播的自然过程（见图 6.4）：一开始，增长速度缓慢；在一定时刻，增长速度开始提升；但之后随着市场渗透率的上升，增长速度放慢。这一曲线能告诉我们，累计有多少人在使用该产品。而每个时间段新增购买人数的曲线则形如一口钟，提示我们在这一“传染”过程的最后，新增用户人数会趋近于零。对采取订阅模式或需要反复购买的产品来说，这不算问题。但有些产品只需购买一次，比如智能手机，那么钟形曲线显然并非可持续的商业模型，因为最后的销量将是零。说到这里，你一定明白了，为什么所有手机厂商都要不断推出更新更炫的款式，而这些新款总要在一段时间后被下一个新款成功取代。

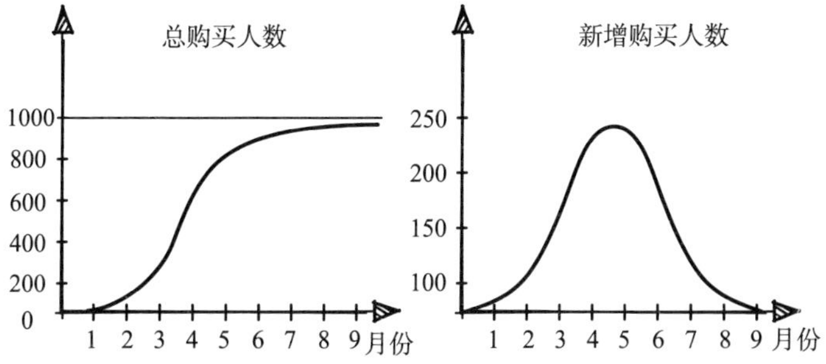

图 6.4　经由社会传染过程实现的产品购买曲线。左图中，总购买人数的变化曲线明显为 S 形，最后总购买人数会无限趋近于总人数 1000。右图则展现了新购买人数的变化曲线，最后新增购买人数将变为 0。

要让上述模型在现实中具备预测能力，我们需要搜集产品的销量数据，确定潜在的市场购买力，并对抽样用户进行实验。没有一家公司会一拍脑门，就推出新产品。商场如战场，预测能力正是成功企业必备的“利器”。此外，我们还应注意，社会传染往往比流行病学讨论的传染更为复杂。因为社会传染的进程并非线性的。我们知道，一个人前后两次暴露在病毒环境中，其感染的概率是完全一样的，但在社会传染机制中并非如此。如果一个人从多个源头获取同一个信息（比如被电视、网络、手机上的同类产品广告持续“轰炸”），就会形成某种强化机制，从而增加“感染”的概率。这意味着，当第 N 次获取同类信息时，我们会比第一次时更易“感染”。与患流感的朋友一起吃饭，和与患流感的陌生人一起吃饭，“中招”的概率是一样的。但是，在新思想、新理念的问题上，朋友的说服力（也就是“传染”你的能力）显然比陌生人更强。此外，社会传染和生物传染在空间上也存在差异。生物传染发生于现实世界，需要人与人真正互动；社会传染往往并不发生于某个固定的地理空间，而可以通过信件、电子邮件、阅读、政治集会等发生。

今天，各种社交网络已形成越来越明确的社会传染空间，它们是数字社会的纤维与脉络。就在几年前，要对这样的虚拟空间进行量化似乎还是天方夜谭。即使针对学校、公司，我们要绘制其清晰的社会结构，或者追踪实体空间的信息流动，也是一项耗时耗力的大工程，而网络上的互动关系只会更加复杂。数字革命的到来打破了这一技术壁垒。我们可以了解数以百万人在推特上说了什么，分析谁在听他们说，从而对社会传染的路径展开描绘。当技术插上了想象的翅膀，你会发现预测的边界越来越模糊了。司南·阿拉尔（Sinan Aral）在2017年的一项研究[9]中成功搜集了超过100万名跑步者通过应用程序上传的运动数据，研究证明人们的健身习惯也会传染。这当然不是指健身导致患病，而是指平均而言，当一个人在社交网络平台上发现朋友比自己多跑了一公里时，他会倾向于再跑300米。有趣的是，这一心态在男性身上表现得尤为突出，而且男性不光会被男性影响，也会被女性影响，而女性只会被女性影响。换言之，女性看到朋友圈有男性朋友比自己多跑一公里时，她会选择无视，她更在意女性朋友比自己更努力健身。也许你会说，这不需要预测，你也能猜个八九不离十——可你要知道，感觉是不能被量化的。

你也许会说，预测我们想不想去健身房，这也不会影响到世界的命运。可是，日常的健身习惯也能被量化这一例子提醒我们：小到健身，大到政治选举、新闻传播（或者谣言散布），许多社会活动都受到社会传染理论的支配。阿拉尔还研究了2006—2017年通过推特传播的所有126 000条假新闻是如何在300万人中间传播的。[10]他的结论令人担忧：假新闻比真新闻传播得更远、更快，受众更广。这一结论适用于任何一种信息，而政治上的假新闻后果显然更为明显。

要弄明白传染机制如何帮助我们识别假新闻，我们接下来需要去印第安纳波利斯。2004年，印第安纳大学创办了信息与计算学院，吸引了众多研究跨学科应用的科学家加盟。我从2005年起在这里工作了8年，与计算机科学家、物理学家、数学家和工程师并肩作战，我们研究的重点在于明确社交网络的结构与动态机制。我还记得当时推特刚兴起，而我却低估了它，认为这种模式不会走得太远。尽管如此，大家仍然认为这一平台是不错的研究对象，并对它的数据进行了分析。几年后，我去了波士顿，继续疫情预测方面的研究。当时的印第安纳大学在研究社交网络方面拥有最前沿的科研团队，Botometer这一工具应运而生。该算法能够监控推特账户的活动，通过对用户、朋友、社交网络、时间和内容等多个维度的分析来区分机器人账户与真人账户，预测账户是机器人账户的可能性。此外，印第安纳大学还创办了社交媒体的监测中心，使用软件和数据研究线上信息的传播。以这一监测中心为平台，印第安纳大学的研究者们开发了一些社会传染模型，这对于识别假新闻的传播机制至关重要。他们提出了三个基本要素：

1. 存在大量信息；

2. 读者阅读信息以及决定是否传播该信息的时间和精力有限；

3. 存在起支撑作用的社会网络结构。

将上述3个基本要素引入社会传染模型后，研究者们便证明了在多数情况下，某个新闻能否成为热点与其内容的真实性无关。换言之，假新闻传播速度快，并不是因为其符合群体的口味，或者读者误将假新闻当真相来传播，其根本原因是假新闻承载了非常大的信息量。进一步来说，新闻生态系统和社交网络生态系统有两个重要特征：第一，机器人账户在传播假新闻上，扮演了越来越重要的角色。根据最新估计，推特的活跃账户中有9%~15%并非真人，脸书则有约6 000万机器人账户。[11] 在信息过载的情况下，机器人账户反而成为信息快速传播的利器。第二，是回声室效应（又称“同温层效应”）。在相对封闭的环境中，意见相近的声音不断夸张地重复传播，就会令身处其中的大多数人认为这些被扭曲的故事是事实。而且社交平台的算法会自动根据用户的兴趣来提供定制信息，这就进一步强化了回声室效应。人的天性决定了我们总想远离信息过载产生的嘈杂，但这一天性又容易让我们被限制在信息的“牢房”中。一旦进入信息的“牢房”，我们就会失去识别真假的能力。

这些社会传染模型不仅能帮助我们预见下一则假新闻的命运以及某个理念能否像传染病病毒那样快速扩散，还能帮助我们制定应对策略，构建更健康的信息生态系统。换言之，模型和算法不仅能帮助我们预测未来，也能帮助我们构建一个更美好的未来。

可能的世界

就在 2014 年埃博拉病毒疫情暴发期间，我在办公室接到了同事的电话，对方问我是不是在关注美国众议院的听证会。我说没有，很好奇他为什么这么问。他告诉我，众议院正在讨论美国在出现初期病例后，是否要禁止西非来美的航班，很多共和党人都支持这一做法，而民主党众议员亨利·韦克斯曼（Henry Waxman）居然使用了我们的研究来论证自己的观点。在该研究中，我们利用计算模型分析了在减少来自疫区的游客人数后，美国的感染人数会有什么变化。有民主党众议员使用了我们的成果，可是从没有人联系过我们，或请我们去讲讲这个复杂的结果究竟是怎么回事。我们的研究结果显示，即便将美国国内和国际航班锐减 50% 以上，对疫情管控的正面作用也是有限的，不仅航空业巨头无法承受这一经济成本，这一举措还会造成多米诺骨牌效应，对其他经济部门产生影响。政策制定者和科学家的关系向来都很复杂。我们使用模拟模型，绝非仅仅要对一天之后或者几周后的事情进行预测这么简单。基于机器学习的算法模型，只能预测建立在我们对过去认识的基础上的未来，而模拟模型却能让我们改变定义系统未来的互动机制。计算机和模型为我们打造了全新的实验室，让我们得以研究未来的世界，勾勒出未来的地图，具象化我们的选择。

但我们也要意识到，未来的地图也有不确定性，要经过"质检"和验证，否则我们总要对结论保持一丝怀疑。科学家不可能将一切都输入某个模型，没有哪个模型能容纳一切。模型需要一边构建，一边验证，也就是通过数据和真实世界的实验进行反复核查。此外，和现代气象预测一样，对未来图景的预测和分析要考虑到背后一系列模型的技术支持，需要综合评估这些模型的历史表现。简而言之，预测本身存在着统计学上的可能性错误，这样的错误显然会因为分析的时间跨度拉长而被放大。我们不要忘记，飓风无情，它不会关心我们的预测，但人们在增进对未来的了解后，是可以改变自身行为的。因此，模型总要不断自我调适，才能实时评估预测与预测引起的个体可能的行为改变之间的反馈回路。当预测行为涉及更长远的未来时，这一因素产生的不确定性必须充分纳入考量。上述考虑都值得我们严肃对待，如此模拟模型就能变成最强大的工具。

能力越大，责任越大。所有人都认为，一旦自己拥有能力，就一定会用来增进人类共同福祉。很可惜，在下一章我们就会看到，这种想法过于乐观了。

第七章

管理我们的未来

谢顿博士是谁?

美国科学促进会（American Association for the Advancement of Science，简称 AAAS）年会是美国乃至国际学术界的盛会。这场盛会不设学科限制，各个学科领域的学者都可以参会，讨论学术前沿问题。2013 年，年会的分论坛讨论了数据与预测。我当时就 2009 年进行的针对源于墨西哥的冬季流感的预测做了报告。[1] 我们是最早尝试对大流行病进行实时预测的团队，随着模型和算法的逐渐完善，我们能预测北半球所有国家的疫情会在什么时间迎来感染峰值。我们的结论不仅准确，还改变了大众对疫情的通常印象。人们一般认为，流感会在冬天到达感染峰值，也就是 1—3 月，因为这个时期的温度、湿度等气候条件都利于病毒的传播。而且学校正在上课，学生们都挤在教室里，这也是导致流感传播的因素之一。但我们的研究表明，很多国家的流感感染峰值会提前到 10 月或 11 月。这与专家和公众认为的时间差了三四个月，这么大的时间差会导致疫苗接种严重滞后。我们在发布预测结果前，遭受了不小的质疑，但还是顶住了压力。

在那次年会上，我们的研究成果受到了极大关注。会上还有许多研究预测的同行发布了一系列突破性研究。迈阿密大学的科学家宋朝鸣提出了一种算法，根据对个体的手机 GPS 信号的跟踪，可以预测这个人在任何一天的任何时间身在何处，准确率达到 93%。伦斯勒理工学院的计算机科学教授博莱斯拉夫·希曼斯基（Bolestaw Szymański）的研究则预测出，少数活跃的社会人群想要改变其他个体的思维方式，至少需要多少人达到多少社交频率。德国物理学家德克·赫尔宾当时正在研究如何通过模型构建，预测重大社会危机，比如银行系统的崩溃。

在年会最后，《经济学人》杂志记者对报告人进行了集体采访。有趣的是，记者当时提出的一些问题让我们有点云里雾里，不知所云。尽管如此，大家还是围绕模型和算法的运用，在学术上给出了回答。如果你在采访现场，就会发现虽然报告人来自不同的细分领域，回答时也是从各自的研究领域出发，但最后的内容拼接到一起，就描绘出了预测科学越来越精确和普及的图景。在紧接着的周刊里，《经济学人》就发布了这篇采访报道，但文章的标题令我颇感意外——《我想，他们是谢顿博士》。[2]

谢顿博士是艾萨克·阿西莫夫的著名科幻小说《基地》（*Foundation*）中的主人公。阿西莫夫在20世纪60年代先完成了三部曲，在80年代又续写了4部，并凭借“基地”系列获得了雨果奖。在小说中，哈里·谢顿（Hari Seldon）是位数学家，他通过数学和统计学方法预测了银河系帝国将覆灭，并且要经过3万年的黑暗时代后，第二个伟大帝国才会诞生。看到《经济学人》的文章标题，我感到有点儿别扭，心想：“在采访中，我们聊的可是学术研究，是可量化、验证的科学，这和科幻小说有什么关系？”不过，我还是从书架上抽出《基地》，决定重读一遍。很快，我便意识到记者这么写并非为了博眼球而制造噱头。的确，《基地》是一部科幻小说，可也是一部依托学术背景的科幻小说。为什么这么说呢？和很多科幻小说家一样，阿西莫夫在作品中关于未来的部分想法和观点确实相当有预见性，甚至在几年后成为现实。他在投身写作前，曾在大学教授生物化学，有很扎实的科学背景。他在书中想象的科学领域并非信口胡诌，而是有极严谨的理论架构。在“基地”系列的《第二基地》开篇，他对“心理史学”进行了严格的定义：“心理史学堪称社会科学的精华，是将人类行为简化为数学方程的科学。个体的行为方式当然无法预测，但是谢顿发现，人类集体的反应可以从统计学角度进行研究。集体人数越多，预测越是精确。”[3]

这便是前文讨论的复杂系统理论的雏形。它是对社会系统进行预测的理论和方法基础。从阿西莫夫笔下人物的对话中，我们可以对心理史学的特征进一步归纳如下：

1. 预测是关于集体的人类智慧；

2. 在提出预测至预测最后实现的时间段内，人类社会不应发生不可预料的本质改变（比如重大技术突破），否则先前的预测便无法成立；

3. 被我们预测的集体，大多不应获悉预测的内容；

4. 一切预测都是概率预测。

我没想到，竟然在科幻小说中读到了预测科学的宣言。阿西莫夫同时提出了预测的根本特征和局限性。“预测是关于集体的人类智慧”，这正是对本书第一章主题的声明：对社会系统进行预测，要建立在对大量个体进行分析的统计学基础上。要做到用方程和算法描述人类行为，离不开从大量数据中找出统计学规律，从而建立模型和预测。“在提出预测至预测最后实现的时间段内，人类社会不应发生不可预料的本质改变（比如重大技术突破），否则先前的预测便无法成立”，这一点是指严谨的预测科学要分析数据、行为，遵循统计学法则，相关要素在进行预测时应当可被量化。可如果发生了技术上的巨大突破，或者自然资源、社会结构发生本质变化，预测就会失效。或者说，在此情况下再做预测，已不是科学的范畴，而是进入未来学的领域，即从假设的前提和主观经验出发，想象（而非预测）未来的可能发展。

“被我们预测的集体，大多不应获悉预测的内容”，这一点我在研究中经常提及。灾难无情，飓风无所谓我们是否在追踪它的轨迹，然而如果全社会都知道了某个预测模型的结果，人们就可能突然改变行为模式，这一剧烈变化可能会影响预测的有效性。想象我们正在对疫情的扩散展开预测，而这一预测被公众获悉，这势必会影响公众的反应（比如不去上班、居家隔离、不出门旅行），从而改变疫情本身的发展。预测行为本身也会成为它试图预测的体系的一部分。这听上去似乎有些矛盾，但绝非绕口令。意识到这一点极为关键，这也是为什么我们无法像阿西莫夫写科幻小说那样动辄对未来 3 万年的事情进行预测。任何预测都要针对个体行为的可能变化不断调整，确保根据最新数据模拟未来情势的发展。

“一切预测都是概率预测”，这一点本书已不厌其烦地反复提及。即便是最准确的预测，也存在一定的不确定性，而不确定性正是通过概率来量化的。对从事预测工作的人而言，这似乎是多余的提醒，但公众还是会经常忘记这一点。每当天气预报告诉我们今天有 90% 的概率是晴天，但实际下雨时，就总有朋友来嘲笑我，说直到今天天气预报也不过是主观臆测。但是，有 90% 的概率是晴天，就意味着有 10% 的概率会下雨。要理解预测，我们必须理解什么是概率。

阿西莫夫在小说中还有一个重要观点，我特意没有列出，即“预测不是针对单一个体”。换句话说，我们可以预测飓风的轨迹，但无法预测形成飓风的单个水分子或者氧分子的轨迹。直到几年前，我还会在研讨会上强调，现代预测科学很难运用到个体层面。不过今天，我不再坚持自己之前的观点。对大气中的分子数量，我们用数量级 10^{44} 进行描述，也就是 1 的后面跟着 44 个 0。相比之下，地球上约有 75 亿人，要搜集和模拟几百万、几十亿个体的数据，对今天的超级计算机来说，已不再是难事。脸书有 20 亿用户，电话公司有上亿用户，推特、声田以及本书提到的多家公司的用户数也都是百万级别的。今天，人类变得越来越可被预测了，甚至个体也可以被预测。当然，这一切只是刚开始。仅仅在 5 年前，如果被问到流感预测是否可以细化到个人，那我的回答仍然是：不可能进行流感的个体预测。

弗吉尼亚理工大学的马达夫·马拉地（Madhav Marathe）

教授从事灾难事件模拟研究。我记得，是他第一次跟我提及私人定制的模拟和预测服务。那是2013年，我们在华盛顿跟政府部门开会，会上提到要建立数字图书馆，把所有大城市进行人工图像化呈现，并针对所有潜在的危险，如疫情、核灾难、毒气事件、地震等，构建灾难预测模型。在吃晚饭时，马达夫提到他的团队正在研发和测试一个工具，这个工具以网络为基础，不需要程序员，用户只需轻轻点击，就能看到特定地区（从某个城市到整个美国）的重要变量，以及可能发生的灾难类型。马达夫提醒我，我的团队也是朝着同样的方向在努力。“你看，最后我们可以构建出一些模型，催生针对我们每个人、每个家庭或每个社区的私人定制服务。”他还说，“我们都想知道，如果我们明天送女儿去上学，那么她得流感的概率有多大。”我还记得我们的对话是在高速公路旁的一家比萨饼店开始的。大家一听到这些话，就七嘴八舌地议论开来，很多人的评价一点儿都不客气，最好心的评论也认为这件事儿不可能实现，至少15~20年内不可能。没想到，仅过了两年，市面上就出现了可以测量心跳、体温、运动数据的手表。这些手表变得越来越小，就像戒指或手环一样，却能够记录我们的身体状况。如果我们能具体而准确地知道谁感冒了，甚至不限于知道我们住的这栋楼里有谁感冒了，那么私人订制的预测服务将不再是乌托邦式的幻想。距离跟马达夫在华盛顿的那次聊天又过了5年，“远离流感”这一手机应用程序已经能告诉我们在疫情防控期间，最好别去哪些超市、哪个电影放映厅、哪家餐厅。

失败还是凯歌高奏？

面对预测，公众大多会分为两派：怀疑论者和热情拥趸。我想，许多读者也会心生疑窦：本书提到的算法和模型是不是真如我所说的那么有效，或者我只是因为“干一行爱一行”，不由自主地夸夸其谈？这种怀疑我完全可以理解。最近几年，预测科学遭遇滑铁卢的案例可以说信手拈来。

2016年，直到英国脱欧公投结果出炉之前，我身边几乎所有人都认为，英国不会脱离欧盟。然而，第二天，结果让许多人都大跌眼镜。美国总统大选结果公布当晚7点，很多人还以为特朗普肯定败选，可到了半夜，这位商人出身的政治新人已经当选下一任美国总统了。回想一下，又有多少经济学家准确地预测过经济危机？远的不说，仅从这几年我们共同经历的社会大事件来看，预测的历史也是错误连篇。失败是成功之母，错误能促使我们反思究竟哪个阶段的数据、模型或算法出了错。找到了错误，才能有针对性地进行改进。

气象预测走过了70多年的历史，至今仍在不断学习，持续改进。预测科学永远没有“完成时”，只有“进行时”。每时每刻都会形成大量新数据，供我们检验、修正和改进算法。幸运的是，每年并不会暴发几百场大流行病来测试疫情传播模型。美国历史上经历的大衰退，总共不超过50次。2013年出版的《信号与噪音》[4]一书对历史上成功和失败的预测案例都进行了梳理。作者纳特·西尔弗（Nate Silver）是美国统计学家，很多人知道他是因为他将预测运用于分析棒球比赛和政治选举的结果。在2008年的美国选举中，他成功预测了美国50个州中49个州的选举结果，全部35位参议员都被他言中。要知道，美国的选举赢家往往以微弱优势胜出，要达到他这样的命中率很不容易。身为成功者，西尔弗在书中同样提醒我们，预测是件难事。因为选举模型建立在统计样本的基础上，既然是样本，自然有一定的不确定性，而机器学习模型由于缺乏大量数据，也有明显的局限性。“要珍视成功，更要重视失败。”西尔弗提醒我们。

我和研究团队于2012年前后也在研究如何预测选举。在2013年最初几个月里，我们通过分析190个国家的4亿条推文，确定了用户的地理位置和使用语言。推特的数据流是实时的，推文下方的评论也是公开的，而且推文当时被限制在140个字符以内，这一长度对计算机分析来说正合适。简而言之，对从事语言学、社会学、心理学研究的学者来说，推特简直是一座富矿，帮助社会科学家省去了问卷调查等复杂的数据搜集方法带来的烦琐。

我们团队认为，目前的技术完全可以运用到预测意大利的政治选举上。[5] 我们和尼古拉·佩拉（Nicola Perra）、安德烈亚·巴龙凯利（Andrea Baronchelli）两位意大利学者展开了合作，如今他们都供职于英国的著名高校。通过追踪推特上的数据流、热点话题，我们成功识别出在意大利哪些地方正在进行哪些辩论，从而描绘出在推特上有关意大利的社会讨论的清晰图像。当时，我们仍在摸着石头过河，因为此前没有团队尝试过通过社交网络数据判断人群的政治倾向和投票行为。最后的结果令人鼓舞，尽管在统计学上仍有不确定性，但它已可以用于预测选举结果了。那是五星运动党首次参加全国选举，考虑到意大利政治选举的特殊性，在那种情况下，能够处理好统计学上的偏差，算得上是不小的成功了。

我们预测的基础正是社交网络形成的数据。很少有人思考过，这些流动在网络上的海量信息与政治选举有何关系。在资讯爆炸的年代，我们习惯了不去思考，而是碎片化地吸收信息。当我们登录脸书或照片墙时，随着手指的轻轻滑动，眼睛进行快速浏览，偶尔在我们感兴趣的话题上停留片刻，但我们很少想到这些信息聚拢在一起经过正确的分析后，会告诉我们什么。在今天看来，我们当年制作交谈网络地图（我称其为“对话高速公路”），从地理层面呈现人们在推特上讨论时产生的数据流，这种做法并不新鲜，可它毕竟是个开始。正如西尔弗在书中说的，在预测科学的发展中，哪怕是几年前的成果，在今天看来可能都过时了。是的，本书提到的很多成功算法中，已有不少在最近两年被超越。

2017年，莱恩·肯尼迪（Ryan Kennedy）、斯蒂芬·沃西克（Stefan Wojcik）和戴维·拉泽发布了多年研究预测选举的成果，提出了实时预测的模型。[6] 我还记得当看到他们的成果时，我意识到自己之前的成功已经被超越了。他们的预测模型基础是选举和调查数据，其数据范围覆盖了86个国家的500次选举。这些数据足以实现90%的预测成功率，这再次证明了掌握数据对预测有多重要。当公共舆论、民意测验等信息都可以被输入算法时，选举将变得更加可被预测。这项研究有力地回应了围绕选举预测的批评与讽刺。设计出精密的算法，掌握完备的数据，通过概率预测谁当选谁败选，这不仅是电视上政治评论家的信口开河或者带着明显党派倾向的新闻热门话题，还可以是严肃、冷静、客观的科学研究。

有趣的是，五六年前，已有不少论文讨论是否可能使用大数据和算法预测选举。有的文章标题已经充满了火药味，比如《我想用推特预测选举，不过最后整出了这么一篇蹩脚的论文》。[7]但是在拉泽的团队发表实时预测模型之后，似乎就再没有什么重量级的论文了。是后来的研究没有持续跟进吗？要知道，在选举预测这样的重要领域，要是谁取得了重大突破，没有人会等闲视之的，这是人之常情。但即便有重大突破，他也不会发表在学术期刊上，这恐怕也是人之常情。因为谁要是能精确预测选举结果，最有利的做法显然不是学术发表，而是带着技术投身资本市场。想象一下，假如有人当年成功预测了英国必将脱欧，或特朗普必将胜选，他就能在短短几小时内在资本市场上合法地大赚一笔。在这方面，有一个典型案例。2010年，一项著名研究提出了一种能够预测股市走势的算法。该算法同样基于推特数据，通过研究推特上公众表达的情绪，证明其与股票市场的涨跌存在关联。[8]具体说来，这项研究首先利用算法对某天的推文内容进行分析，预测公众情绪在特定时间序列中的走势，然后将这一情绪时间序列和道琼斯工业平均指数相关联，最后评估其能否准确预测股市波动。结果表明，将这些时间序列纳入算法，会大大提升预测准确率。这意味着通过研究推特的推文，并掌握正确的算法，就能对股市进行预测，获得不菲的收入。

这项研究一经发布，立刻成为各大媒体争相报道的热门话题——原来股市可以预测！其实，研发团队公布的算法仍有改进空间，不过很快就有新闻称，一家管理几十亿美元的基金已经与研发团队展开合作。还有不少质疑的声音认为，实战操作根本无法复制预测模型的成功。股市牵动了股民的心，而这一预测研究更是引发了长达两年的社会讨论。据我们所知，投资这一研究的资金后来还是撤出了，是否还有“敢为天下先”的投资者继续跟进，就不得而知了。该算法后来到底有没有被运用到实战中，投资人因此赔钱还是大赚一笔，似乎也不再是新闻热点。不过，自那以后，许多类似的金融预测软件如雨后春笋般冒出来，同样都是根据社交网络数据计算公众情绪的时间序列，来预测金融市场的波动。我敢肯定，今天在资本市场中，一定有投资者正在运用某种算法来进行投资。你问我他是谁，我不知道。即使知道是谁，你问他使用了什么算法，他的回答也不会令你满意的。

光明与阴暗

预测科学天然有两副面孔。它代表着科技的进步，却也可以用来操纵和影响舆论，后者是它不轻易示人的一面。我们应充分肯定，预测科学能增进共同福祉。预测科学的宣传者已经不遗余力地证明了这一点。你一定不止一次地听过“人工智能，让生活更美好”这样的宣传语。联合国同样意识到了大数据和人工智能的巨大创新力。2009 年，联合国启动“全球脉动”（Global Pulse）计划，旨在运用科技推动可持续发展和人道主义救援工作。全球脉动计划的强大优势在于，它构建了遍布全球各地的实验室网络，即脉动实验室（Pulse Labs），利用从新闻媒体、社交媒体、小众社群搜集的大数据，进行实时分析，帮助当地政府了解民众需求以及社会发展状况。这些实验室还负责对当地推行的方案进行分析，评估其是否能够推行至全球。

在印度尼西亚雅加达，当地科学家研发了烟霾危机分析和可视化工具 Haze Gazer，该系统能及时评估火灾造成的烟雾、人口密集地区的火灾发生频次、高风险地区分布情况以及当地居民可能的应对措施（如火灾发生后，居民是否需要大面积迁徙）。雅加达的另一个平台 CycloMon 则能搜集和分析当地气象数据，并结合从社交网络中抓取的数据，针对热带气旋对当地生活造成的影响展开分析，实时跟踪当下进展，对未来趋势提出可靠预测。它能预测下次台风来临时，当地居民将迁往何处，应大量采购哪些生活物资，他们的日常生活会有哪些改变。掌握了这些情况后，在下次危机到来前，当地机构就能对救援工作做到心中有数。

全球脉动计划能做到的不仅是预测灾难，还包括观测难民涌入造成的社会问题，统计人道主义危机造成的后果，预测城市化进程以及气候变化对疾病传播造成的影响等。美国斯坦福大学领衔的国际合作项目针对难民安置问题成功研发出一套算法，以探究如何改善难民在当地社会的融入情况。[9] 该算法以机器学习为基础，对地理因素、难民的个体特征等信息展开分析，在获得历史数据的基础上，明确难民成功在当地就业的相关指标，提出改善难民安置的具体措施。实践表明，在算法的辅助下，涌入的难民在当地的就业人数增长了 40% ~ 70%。此外，斯坦福大学的另一个团队还研发出一套以卫星数据和机器学习为基础的精密算法，以预测尼日利亚、坦桑尼亚、乌干达、马拉维和卢旺达等国的家庭消费和贫困水平。[10] 要知道，在通常情况下，对上述欠发达地区人口的经济指标进行精确测算，从而有针对性地促进经济发展、跟踪特定地区的基本生存情况，是一项艰巨且低效的工作。斯坦福大学研发的算法利用公开的数据，实现对人口生存情况的精确描绘，从而对当地民生发展进行有效预测，这对于发展中国家来说极具变革性。

此外，有的算法还能被运用到医疗诊断领域。比如，机器学习算法可以通过用户在照片墙上发布的照片，“嗅到”用户出现抑郁症的苗头。[11] 研究者跟踪研究了 166 名用户，他们中的半数有抑郁症病史。通过机器学习，算法能准确识别与抑郁症相关的视觉与行为指标，比如抑郁症患者在颜色、图像阴影与光亮度上都有特定偏好。在对照片像素进行技术分析后，研究者发现，抑郁症患者分享的照片往往颜色更蓝，背景则多为深色和灰色。另外，照片墙自带滤镜供用户选择，抑郁症人群在分享照片时，大多会选择 Inkwell 滤镜，将彩色照片处理为黑白照片。在进行大量对比实验和分析后，算法就能像医生坐诊那样做出诊断。换言之，这项研究可以做到在掌握实时数据的情况下，快速分析用户在社交平台上的行为，发现抑郁症的端倪。“早发现，早治疗”，这是医生最常说的话，而算法的预测就为及时干预创造了条件。在发现某些用户的抑郁症征兆后，医生可以及时联系病患，及早进行干预。毫不夸张地说，这项技术不仅实现了预测科学和医学的跨学科合作，更能挽救人的生命。预测科学能增进共同福祉，此言不虚。当基于定量信息和科学证据的预测被运用于危机管理或社会救助、公共健康等领域时，我们的生活会变得更美好。当我们将预测科学运用于个体层面时，一旦充分考虑伦理与隐私的边界，预测和诊断系统便真的可以拯救我们的生命。

预测科学凯歌高奏，似乎带领我们走向光明。在倍感振奋和欢欣鼓舞的同时，我们不应忘记预测科学的阴暗面。2011 年，加利福尼亚州圣克鲁兹市的警察局测试了一个名为 PredPol 的犯罪预测软件，该软件此后在 60 多个警察局投入使用。其算法能筛选人们的过往犯罪记录、犯罪类型、案件发生地和作案时间等信息，确定某类犯罪行为更有可能在何时何地出现，并在此基础上为每一区域分配特定风险值。警方会根据软件形成的“地图”（也就是可能发生犯罪活动的地区）来执勤，确保在正确的时间出现在正确的地点。有的软件甚至已经实现了量身定制的预测服务，俨然将大导演史蒂文·斯皮尔伯格的《少数派报告》（*Minority Report*）[12] 从银幕搬到了现实。该电影根据菲利普·迪克（Philip Dick）的小说改编，影片想象未来某地区的新生儿出现基因突变，获得了能够预测的超能力。根据他们的预测，警方总能及时阻止凶杀案的发生，即将行凶的犯罪嫌疑人只能束手就擒。由于他们还“来不及”犯罪，因此他们并非因为已经发生的犯罪事实，而是仅仅因为具有这样的犯罪动机就受到了法律制裁。也许在斯皮尔伯格看来，这一幕不过是科幻小说的情节，但实际上它已在现实生活中发生了。

PredPol算法据说在防止犯罪方面非常有效，但我们无法找到任何能说明其运算模式的学术论文。PredPol并非个例，许多政府和商业预测软件在公众和学者眼中仍是暗箱操作，使用者不会开放算法，而这显然偏离了公民社会的基本原则。

公众对预测机制的知情权的缺失，导致了一些在我看来可以称为假"丑闻"的现象。2013年，美国中央情报局前雇员、美国国家安全局外包技术员爱德华·斯诺登（Edward Snowden）的爆料，令多国政府和企业陷入巨大的信誉危机。美国国家安全局以反恐为名与Verizon（威瑞森）、Skype、脸书等多家通信公司和互联网公司合作，非法获取公民信息。据称，美国国家安全局试图以网络科学为基础分析人际关联，预测是否有新的恐怖组织正在形成。显然，美国国家安全局并非"孤军作战"，一些私人公司也在做同样的事情。我记得当时许多记者来采访我，问我对此事的看法。我告诉他们，我丝毫不感到意外。这样的回答显然不是记者们想要的，我甚至能感到有些记者当时就愤怒了。其实，我的本意是提醒大家，获取公民信息的做法背后是互联网、人工智能科技的突飞猛进，这些技术的大面积推广与运用在20世纪90年代就不是新鲜事了。我们不妨换个角度想，万一真的发生了恐怖袭击，公众又会作何感想？会不会反过来指责政府没有及时进行干预？

没过几年，记者的电话又打到了我的办公室。这回，丑闻发生于英国。继“棱镜门”之后，剑桥分析公司的丑闻被曝光。这家位于伦敦的分析公司的前雇员、加拿大籍信息专家克里斯托弗·怀利（Christopher Wylie）透露了有关脸书数据遭滥用的内幕。据称，剑桥分析公司通过剑桥大学心理学家亚历山大·科根（Aleksandr Kogan），获取了大量脸书用户的个人信息。还有进一步的证据指向了特朗普的竞选办公室和脱欧组织“脱离欧盟”（Leave.EU）。剑桥分析公司建立了一个巨大的数据库，利用其强大的数据处理能力，通过推送倾向性的信息，影响了选举和公投。用剑桥分析公司 CEO 自己的话说：“今天，针对美国每个个体，我们都有 4 000 ~ 5 000 份数据，我们完全可以对 2.3 亿美国成年人中每个人的个性进行建模。”一时间舆论哗然，这一丑闻引发了英美两国一系列的司法调查。预测算法将特朗普送进了白宫，将英国送出了欧盟？最富想象力的科幻小说家恐怕也写不出这样疯狂的情节。

可当记者问我作何感想时，我却反应平静，这让他们疑惑不解。我告诉他们，归根到底，剑桥分析公司的手法仍是对用户进行分类，其理论和实践基础已出现在麦克·科辛斯基（Michal Kosinski）、戴维·思迪维尔（David Stillwell）和索尔·格雷佩尔（Thore Graepel）发表于 2013 年的论文中。[13] 这三位科学家掌握的详细数据来自58 000多名志愿者，他们通过机器算法，对志愿者在脸书上的点赞行为进行分析，准确勾勒出志愿者的形象。算法在区分用户性取向方面的准确率达到88%，而判断用户族裔（是非裔美国人还是高加索裔美国人）的准确率高达95%，区分共和党人和民主党人的准确率为85%。换言之，三位科学家的研究成功利用数字化数据自动且精确地预测个体的多项特征：年龄、性别、种族、政治观点、宗教信仰、性取向、性格特点、智力水平、幸福感、是否有药物依赖、与父母的关系如何等。

有必要一提的是，科辛斯基和思迪维尔当时供职于剑桥大学，而格雷佩尔则供职于位于剑桥的微软公司实验室。换言之，这不是象牙塔内的单纯学术研究。此后几年，众多学者和企业的研发团队不断完善他们的开创性研究。我告诉一脸惊愕的记者朋友，剑桥分析公司的做法并不新鲜，这家公司的确滥用了数据，但问题的关键在于数据的制造者和拥有者每天都在做这样的分析，剑桥分析公司只是其中之一，所有跨国科技巨头都是它的“同行”。

到了2018年底，《纽约时报》公布了一项调查，再次引发舆论哗然。[14] 调查显示，有数百家企业会从智能手机的应用程序中获取匿名但精确的数据，因为这些应用程序的用户会激活定位服务，来获取当地的天气预报或其他本地信息服务。这些数据来自全美2亿台智能手机设备。《纽约时报》指出，上述数据库对用户行动轨迹进行识别时误差范围在几米内，并且在一天内能更新超过14 000次。（下次我接听记者电话的时候，可要小心了！）我们出行时，谷歌或许多类似的手机应用程序会提醒我们最佳路线该怎么走，几乎没人会想到，它这么做的同时其实记录下了用户的GPS定位信息。我们每天都在提供这些数据。没人会去数每天手机会收到多少条通知。在点击“同意”的时候，很少有人会意识到自己到底“同意”了什么内容，又将哪些与我们生活相关的数据提供给了谁。当记者因为一个又一个丑闻来采访专家学者时，很少有人想到，已经有大量学术论文告诉我们如何通过有限的地理方位数据，精确地预测某个个体的移动轨迹，而且准确率高达90%。我在前文提到宋朝鸣在2013年就发布了自己的研究成果，可又有多少媒体朋友关注呢?

当然，我并不是说，当手机应用程序询问你是否同意某些内容时，它们都在“窃取”你的信息，“偷窥”你的隐私。的确有些程序并不告诉你它们会在市场上如何使用这些数据，不过，在上述这一案例中，所有程序在使用定位信息时是会请求用户同意的。尽管如此，《纽约时报》的这篇文章的确说明了一些问题，即公众并未意识到使用这些数据究竟能做什么。这都源自算法与数据的结合，仅仅在10年前，这一切仍是不可想象的。

上面这些故事都揭示了数据和算法令人不安的一面。今天，不断有声音呼吁要制定数据使用的伦理规范，推动政府机构保护公民的数据隐私。2018年5月，新的数据保护法《通用数据保护条例》（GDPR）在欧盟生效，该法律协调了欧盟内部各自独立的数据保护法规，适用于任何向欧盟民众提供商品和服务或搜集并分析欧盟居民相关数据的组织。加强立法诚然是巨大的进步，而我们从中更应吸取的教训仍是公众对算法的能力与机遇的认识不足。我们的日常生活为数据、算法和预测所包裹，但真正愿意了解其运行机制的人少之又少。如此一来，算法就会成为少部分当代“祭司”这一特权阶层掌握的“天书”，无知的代价就是只能顶礼膜拜，甚至被操纵——这是预测科学的发展给我们带来的真正严肃的问题。

第八章

尾声

揭开数字预言家的面纱

这几年，大家都在讨论大数据伦理与隐私问题，我相信这一问题不会是一时的。问题的关键在于，我们是否能从立法的角度明确数据和技术的掌握者与数据的产生者之间的平衡。如何保障个体对自身信息被使用的知情权，数据的再传播是否受到明确限制，数据使用是否透明且被纳入监管……近年来的讨论正在不断明确数字世界的伦理和法律的边界。“要知道现在发生的是一场革命，而革命这匹烈马是不服管的。”马里奥·拉塞蒂（Mario Rasetti）几年前的话犹在耳畔。马里奥是位理论物理学家，1983 年和图里奥·雷杰（Tullio Regge）共同创办了都灵科学交流研究院。在他的热情促成下，我也与这一机构展开过多次合作。可以说，马里奥是我和意大利联系的桥梁。都灵科学交流研究院如今已成为数据科学的研究重地，集聚了不少顶尖的学者。马里奥已经 70 多岁了，一跟他聊起科学，他仍滔滔不绝。在一次对话中，一向热情的马里奥却给我泼了冷水。“在预测领域，你们的确已经很优秀了，但是预测的边界在哪里？哪些是你们一定不能去做的呢？”这番质问让我感到背后发凉。的确，我从来没有问过自己这样的问题。预测科学的伦理问题直到那一刻之前，似乎还很遥远，激动人心的前景让这一警示变得模糊。但它毕竟存在，这是无法忽视的问题。

我在开篇便提出，写作本书的初衷并非一次性说清所有学术问题，自然也并非罗列预测科学的成功案例。通过讲述我和同行在过去取得的成就，我希望读者明白预测的巨大力量，更重要的是，明白这种力量无论是否服务于公共福祉，都将深刻改变人与人、人与周遭环境的互动机制。

我们正在进入一个崭新的时代，在数据和算法的加持下，我们能清晰地构建并分析未来的图景。然而，并非每个人都能轻易掌握预测能力，没有大量数据和信息基础设施做支撑，预测不过是镜花水月。预测反映的是现实，而现实生活中的不平等也会影响预测。同时，预测能力本身也在制造另一种不平等，有的政府拥有这一“魔法水晶球”，而有的并不具备这样的能力。掌握了这一技术的组织和机构能更深刻地预见未来，而更多民众只能在暗夜中前行。发布与传播有效的预测结果，迄今并不能得到有效的激励，拥有预测能力的个人或组织并不会宣称自己拥有这一能力，这就导致了法律层面的公开化和透明度的深刻问题。

假如我掌握了能准确预测大流行病的算法，我是否要公开我的结论？关于选择公开还是缄默不言，有哪些清晰的法律边界和明确的法律条文？又有哪些法律保障人们对预测的知情权？尤其在今天，许多预测项目并非由政府部门主导，而由私人组织来运行，如何确保它们的利益与公众利益始终一致？我们又如何保证预测科学不会变质，沦为操控和剥削他人的危险工具？

回想一下人类研究核能的历史。我们知道，研究核能需要大型设备、巨量的资源，以及钚和铀等昂贵的原材料。只有政府管理的公立实验室才有研究核能的资质，各国政府和国际社会对此也有非常严格的立法规定。可是如果当年的核研究并非诞生于洛斯阿拉莫斯的“曼哈顿计划”，各国政府疏于监管，也没有国际条约进行约束，而是任由无法追踪的私人秘密研究室主导并自由获取资源与技术，那么事情会怎样变化？世界是否会再次陷入冷战，我不好说，但一想到除了政府，不知还有谁在研发氢弹，我晚上肯定无法安然入睡了。这一场景也许并不会发生。然而，在数据和算法带来的科学革命规模不亚于探微亚原子世界的今天，越来越多的前沿研究诞生于私营公司，它们赞助科学研究，催生前沿成果，同时也生产数据。在预测科学中，数据就相当于核研究中的钚。谷歌或者脸书公司当然不应窃取用户的数据。可我们不要忘了，这些商业巨头本身就掌控着数据传输的阀门。即便是大国政府，也没有它们这样的权力。这些跨国公司总在向我们承诺，它们时刻不忘社会公共福祉，我愿意相信它们说的，只是它们又如何向我们保证在未来仍会如此？谁也不敢做出这样的预测。时至今日，对这些公司的唯一制约也许来自学术界。学术透明是保障公共福祉的底线。政府资助的研究团队可以向公众阐明数据、算法和模拟的巨大潜力与前景目标。然而，他们与谷歌等科技巨头的研究团队的竞争也日趋白热化，后者不仅掌握了更强大的运算设备，还掌握了数据这一预测所需的“原材料”，而这些数据并不为公共科学家所轻易掌握。打个形象的比喻，如果说谷歌的研究团队是打开水龙头取水，那么公共科学家只能用滴管来取水。

在个体层面，定义预测科学的伦理界限更为复杂。当然，我很乐意人工智能给我推送新歌或提醒我又有什么新剧集。如果没有声田或网飞，那么我的娱乐生活肯定会失色不少。可是，一想到最了解我音乐品位的算法也可能在政治问题上操纵我时，我就会浑身不自在。要是Il Saggiatore出版社的人员告诉我，我的新书在他们那儿出不了了，因为他们使用了算法，预见作品销量达不到预期，那我肯定会大为光火。再深究下去，对于使用算法决定是否聘用求职者的雇主，他的预测行为应该受到哪些限制？法律界对这些问题提出了许多设想，其中包括通过预估在得到“过分”精确的预测之前可以获得的信息量，来限制在预测算法中使用的变量的最大数量。换言之，就是从法律层面“模糊”算法的预测能力，这就好比通过禁止使用某些放射性元素或可以进行精确测量的实验设备，以达到限制核研究的目的。更形象地说，这实际上无异于“打断”预测的一条腿，令原本可能获得的好处也大打折扣。

定义预测科学的伦理是一项复杂的工程，需要科学、政治、哲学界的勠力合作。本书提到的关于预测的“丑闻”，此后一定还会以其他形式再次上演。只有当全社会都更清晰地认识到“数字预言家”的权力（及其边界），预测科学的伦理才能朝正确的方向迈出扎实的脚步。我的意思当然不是说大家都得当信息工程师或计算机专家。即便不是核物理专家，你也能明白核能的巨大潜力和危险。我们要做的是“扫盲”。今天的教育如果只告诉孩子们拉丁语单词的变位，而不告诉他们算法程序的逻辑，就是不合格的。一名学生熟练掌握三门语言，却对计算机语言一无所知，这种情况将不再为人们所接受。对计算机语言的无知，会导致对数字预言家的盲目崇拜，使得只有极少数真正掌握“数字占卜”语言的人获得了这种掌控力。而不了解算法内部运行机制的大多数人，就无法认识到在这个越来越被清晰预测和掌控的世界里，自己身处何种危险，当然也无法意识到自己能从中获得什么。

遗憾的是，今天你还会在饭桌上听到有人半开玩笑地说：“计算机呀，科学呀，我真的不太懂，我也不感兴趣。”说这话的人并非没读过书，甚至还可能满肚子学问。听到这话，饭桌上其他人还会赔笑三两声。可如果有人说“我真的不懂文学，我也不感兴趣。请问：海明威是谁？”，就没人笑得出来了，大家立刻明白他们在和一个为自己的无知感到骄傲的人共进晚餐。我想，我们应当用同样的标准来评判在科学和计算机语言方面的无知，只有这样，我们方能免于生活在被“数字占卜师”统治的世界。

数字神谕的新世界总在向我们提出宏大的问题，对于这些问题，我的口袋里没有解决方案。这不是出于我作为作者的自谦，而是出于我作为科学家的严谨。觉察到预测科学的巨大力量，意识到它的局限性和可能的危险性，进而唤起对这门科学的兴趣，或者仅仅意识到自己的无知，这些都是可贵的。这应当成为一种更普遍的“觉知”，而这正是我写作本书的初衷。

当我们知道了谁是“数字占卜师”，了解了“数字占卜”如何运行时，未来也将与先前大为不同。

致　谢

每本讲故事的书都有自己的故事，它们离不开生活中微小的感动。一次鼓励、一次意外的谈话、一次热情的帮助，都将令作者产生讲故事的动力。如今，故事讲完了。

本书源于我与朋友、同行数不清的讨论。感谢艾伯特—拉斯洛·巴拉巴西、阿兰·巴拉、德克·布罗克曼（Dirk Brockmann）、圭多·卡尔达雷利（Guido Caldarelli）、奇罗·卡图托、马太奥·基纳齐、德克·赫尔宾、戴维·拉泽、亚米尔·莫雷诺（Yamir Moreno）、尼古拉·佩拉、马里奥·拉塞蒂、毛里齐奥·桑蒂利亚纳（Mauricio Santillana）、安杰洛·武尔皮亚尼（Angelo Vulpiani）和斯特凡诺·扎佩里（Stefano Zapperi）。在我质疑和思考预测科学、人工智能以及科学工作意义等问题时，他们都给予我足够的耐心。

我要尤其感谢蒂齐亚纳·贝尔托莱蒂（Tiziana Bertoletti）

在本书写作中给予的宝贵鼓励与支持，感谢妮科尔·萨迈将我笨拙的涂鸦变成了精致准确的插图。

能够与达米亚诺·斯卡拉梅拉（Damiano Scaramella）这位杰出的出版人合作，是每个作者的幸运。在本书写作的许多关键节点，我都从他那里得到了有力的支持，没有他的努力，本书或许根本不会与读者见面。

我从事学术工作三十余年，其间获得了太多朋友与合作者的关注、关心和关照，他们的学术才华和热情无时不在鼓舞我，书中提到的朋友和同行只是他们中的一部分。本书多次提到计算流行病学。我在这一领域的研究始于和阿兰·巴拉、马克·巴泰勒米（Marc Barthelemy）、维多利亚·科里萨（Vittoria Colizza）、罗穆阿尔多·帕斯托尔–萨托拉斯（Romualdo Pastor Satorras）多年前的合作。在流动网络分析和全球疫情预测领域，因为有他们，我才不是孤行者。本书讲述的许多素材都来自安德烈亚·巴龙凯利（Andrea Baronchelli）、胡昊（Hao Hu，音译）、科拉多·焦安尼尼（Corrado Gioannini）、布鲁诺·贡萨尔维斯（Bruno Gonçalves）、达妮埃拉·保洛蒂（Daniela Paolotti）、安娜·帕斯托雷–皮翁蒂（Ana Pastore y Piontti）、卢卡·罗西（Luca Rossi）、米凯莱·蒂佐尼（Michele Tizzoni）以及张茜（Qian Zhang，音译）的相关研究，这些研究令我受益颇深。

我曾有幸与马尔科·阿耶利和斯特凡诺·梅尔勒合作，在使用定量工具分析和预测传染病方面，他们是最前沿的学者。伊丽莎白·哈罗兰和艾拉·隆基尼两位前辈的先行研究同样为我们后来者铺平了道路。我还要特别感谢在计算模型和预测研究中与我一路同行的同事、学生：保罗·巴亚尔迪（Paolo Bajardi）、玛丽安·博贡雅（Marian Bogunya）、卢卡·卡帕（Luca Cappa）、克劳迪奥·卡斯泰拉诺（Claudio Castellano）、丹尼斯·赵（Dennis Chao）、法比奥·丘拉（Fabio Ciulla）、娜塔莉娅·E. 迪安（Natalie E. Dean）、圣福图纳托（Santo Fortunato）、劳拉·福马内利（Laura Fumanelli）、马顿·考尔绍伊（Marton Karsai）、玛丽亚·利特维诺娃（Maria Litvinova）、桑德罗·梅洛尼（Sandro Meloni）、卡门·米格尔（Carmen Miguel）、保罗·米拉诺（Paolo Milano）、迪娜（Dina）、米斯特里（Mistry）、德利亚·莫卡努（Delia Mocanu）、达妮埃拉·佩罗塔（Daniela Perrotta）、皮耶罗·波莱蒂（Piero Poletti）、基娅拉·波莱托（Chiara Poletto）、马尔科·夸吉奥托（Marco Quaggiotto）、何塞·J. 拉马斯科（Jose J. Ramasc）、戴安娜·罗哈斯（Diana Rojas）、米凯莱·龙卡廖内（Michele Roncaglione）、穆罕默德·萨利姆（Mohamed Selim）、马利安格列斯·塞拉诺（Mariangeles Serrano）、孙凯源（Kaiyuan Sun，音译）、塞西尔·维布德（Cecile Viboud）、阿兰·雅克·瓦勒隆（Alain Jaques Valleron）、沃特·范登·布罗克（Wouter Van den Broeck）和皮特·范·米格汉（Piet Van Mieghen）。

杜伊古·巴尔坎（Duygu Balçan）是位充满想象力的科学家和合作者，她的突然离世是整个学术界的巨大损失，也令我在写作中常常感到巨大的遗憾。

我曾有幸在意大利、法国、荷兰、美国的多家研究机构和大学从事研究工作，毫不夸张地说，其中的一些学术机构改变了我的一生。美国东北大学当年促成了网络科学研究院的创立，这是一个勇敢且有远见的决定。网络科学研究院是跨学科研究的理想平台，物理学家、政治学家、生物学家、信息学家、经济学家在这里打破了学科壁垒，实现了融合研究。感谢网络科学研究院的同事巴拉巴西、凯特·科隆斯（Kate Coronges）、戴维·拉泽、蒂娜·埃利亚西–莱德（Tina Eliassi-Rad）、迪马·克利欧科夫（Dima Krioukov）、布鲁克·富科–韦尔斯（Brooke Foucault-Welles）、克里斯·里德尔（Chris Riedl）、尼克·博尚（Nick Beauchamp）和山姆·斯卡尔皮诺（Sam Scarpino）。

今天，位于都灵的科学交流研究院是将我与家乡意大利相连的学术桥梁，这里是科学与未来相遇的殿堂。在本书的构思与写作期间，我与研究院的60多名研究者有过深入交流，深受启发。我要尤其感谢弗朗切斯科·邦基（Francesco Bonchi）、利蒂希娅·高文（Laetitia Gauvin）、安德雷·帕尼松（André Panisson）、乔瓦尼·彼得里（Giovanni Petri）和弗朗切斯科·瓦卡里诺（Francesco Vaccarino），并感谢罗伯托·巴勒莫（Roberto Palermo）、恩扎·帕拉佐（Enza Palazzo）、安娜·皮耶尔乔瓦尼（Anna Piergiovanni）和茱莉亚娜·安特里利（Giuliana Antrilli）为我在科学交流研究院期间的工作提供支持。

感谢印第安纳大学信息学院和复杂网络系统研究中心的科学家，他们是约翰·博伦（Johan Bollen）、亚历山德罗·弗拉米尼（Alessandro Flammini）、菲利波·门采尔（Filippo Menczer）和路易斯·罗查（Luis Rocha）。

我还要向我的妹妹玛尔塔（Marta）和韦罗妮卡（Veronica）深表谢意，她们总告诉我要写一本比我的论文好读的书，不知道这本书她们读后是否满意。此外还要感谢朱塞佩（Giuseppe），他对意大利政治的解读令我这个政治新人有拨云见日之感。

感谢我妻子马丁娜（Martina）和我的孩子洛伦佐（Lorenzo）、奥塔维亚（Ottavia），面对他们对我的关心和支持，我甚至找不到合适的语言来表达感谢。感谢弗朗科（Franco）和路易塞拉（Luisella）一直以来对我的帮助。

最后，感谢我的父亲伦佐（Renzo），他是一位真正的艺术家。作为艺术家的儿子，我在书中提到了对艺术家职业生涯的预测。我很好奇他对此会发表什么高见。

注 释

第一章 · 预测科学

1. 芝加哥一号堆，简称 CP-1，是人类第一台可控核反应堆，1942 年 12 月 2 日，芝加哥一号堆内部成功产生可控铀核裂变的链式反应，实验的主持者是意大利物理学家恩里克 · 费米。
2. 我们无法用肉眼观测到海王星。1846 年 9 月 2 日，海王星被发现，这是利用数学预测而非通过有计划的观测发现的行星。
3. 路易斯 · 弗莱 · 理查德森（1881—1953），英国数学家、物理学家、气象学家和心理学家。他是运用数学方法进行气象预测的先驱。
4. 关于运用计算机实现现代气象预测的历史，参见 Peter Lynch, "The Origins of Computer Weather Prediction and Climate Modeling," *Journal of Computational Physics*, vol.227, 2008, pp.3431–3444。
5. 关于混沌理论，参见 James Gleick, *Caos*, Rizzoli, Milano 1989。

第二章 · 鸟群与人群

1. Benoit Mandelbrot, *The Fractal Geometry of Nature*, W. H. Freeman

and Company, London 1982 (ed. *La Geometria della Natura*, Theoria, Roma 1990) .

2. Philip Warren Anderson, "More is Different," *Science*, vol.177, 1972, pp.393–396.
3. 物态变化涉及的原子或分子数量仅用"海量"一词无法描述清楚，我们通常使用阿伏伽德罗常量来描述，它得名于 18 世纪的意大利物理学家阿莫迪欧 · 阿伏伽德罗（Amedeo Avogadro），它的精确数值为 6.022×10^{23}。
4. Edmund Selous, *Thought-Transference(or What?) in Birds*, Constable, London 1931.
5. 参见 Vicsek, "Novel Type of Phase Transition in a System of Self-Driven Particles," *Physical Review Letters*, vol.75, 1995, p.1226。近年来，关于椋鸟行为的研究已经延伸到所有活性物质。关于最新学术动态的科普综述，参见 Gabriel Popkin, "The Physics of Life," *Nature*, vol.529, 2016, pp.16–18。
6. Dirk Helbing and Peter Molnar, "Social Force Model for Pedestrian Dynamics," *Physical Review E*, vol.51, 1995, p.4282.
7. Dirk Helbing, Illés Farkas and Tamás Vicsek, "Simulating Dynamical Features of Escape Panic," *Nature*, vol.407, 2000, pp.487–490.
8. Thomas Crombie Schelling, "Dynamic Model of Segregation," *Journal of Mathematical Sociology*, vol.1, 1971, pp.143–186.
9. 关于网络构建的论文，参见 Duncan J. Watts and steven H. Strogatz, 'Collective Dynamics of "Small-World" Networks,' *Nature*, vol.393, 1998, pp.440–442。另外参见 2018 年《自然》杂志纪念该文发表 20 周年的文章：Alessandro Vespignani, "Twenty Years of Network Science," *Nature*, vol.558, 2018, pp.528–529.
10. Albert-László Barabási and Réka Albert，"Emergence of Scaling in

Random Networks," *Science*, vol.286, 1999, pp.509–512.

11. 关于现代网络理论引发的革命，巴拉巴西在书中给出了通俗易懂的阐述。参见 Albert-László Barabási, *Link: La scienza delle reti*, Einaudi, Torino 2004。

第三章 · 数据、算法与预测

1. P. S. Bearman, J. Moody and K. Stovel, "Chains of Affection: The Structure of Adolescent Romantic and Sexual Networks," *American Journal of Sociology*, vol.110, 2004, pp.44–91.
2. "社会模式"项目是一项诞生于 2008 年的跨学科研究，旨在通过数据研究社会动能和人的活动。该项目搜集了人群在不同的现实环境中的直接接触数据，场合包括学校、博物馆、医院等。关于这一项目的进一步信息，参见 http://www. sociopatterns.org/。
3. 2009 年春季，爱尔兰都柏林科学美术馆举办了主题为"传染病：离远点儿"（INFECTIOUS: Stay Away）的展览，探讨生物传染的机制以及相应的遏制策略。参观者同时受邀参与"传染的社会模式"（Infectious SocioPatterns）的实验，即通过电子通信技术模拟疫情的传播，研判人与人的身体距离和传染的关系。在为期三个月的展览中，共计有 3 万名参观者参与此项实验。关于实验数据，参见：http://www.sociopatterns.org/deployments/infectious-sociopatterns/。
4. 2018 年 1 月，脸书活跃用户数已经超过了 20 亿。参见 https://en.wikipedia.org/wiki/Facebook。
5. 克里斯 · 梅西纳（Chris Messina）受"#"在 C 语言中的启发，在推特上发明了"#"的话题标签用法。
6. 关于塔吉特超市营销的故事，详见 2012 年 2 月 16 日《纽约时报》的文章《公司是如何了解你的秘密的》。

7. J. Ginsberg, M. H. Mohebbi, R. S. Patel, L. Brammer, M. S. Smolinski and L. Brilliant, "Detecting Influenza Epidemics Using Search Engine Query Data," *Nature*, vol.457, 2009, pp.1012–1014.

8. 美国流感季的严峻程度每年并不一样，这与许多因素相关，比如当年主要流行的病毒种类、疫苗是否有效、接种疫苗的人数等。根据美国疾病控制与预防中心的估计，自 2010 年起，流感已经造成了 930 万~4 900 万个病例，每年入院收治痊愈人数在 140 000 ~ 960 000，每年死亡人数则预计为 12 000 ~ 79 000。

9. Chris Anderson, "The End of Theory: The Data Deluge Makes the Scientific Method Obsolete," *Wired*, Jun 23, 2008. https://www.wired.com/2008/06/ pb-theory/。

10. 艾伦 · 图灵（1912—1954），理论计算机科学领域影响力最大的科学家之一。他提出了算法的概念，在 1936 年提出将人的计算行为抽象化的数学逻辑机。他在数学、逻辑学、理论生物学等领域亦多有贡献，被誉为"人工智能之父"，他在 1950 年在《心智》（*Mind*）期刊发表了著名论文《运算机器与智能》。

11. James Moor, "The Dartmouth College Artificial Intelligence Conference: The Next Fifty Years," *Ai Magazine*, vol.27, n.4, 2006.

12. 关于机器学习的科普阅读，参见 M. I. Jordan and T. M. Mitchell, "Machine Learning: Trends, Perspectives, and Prospects," *Science*, vol.349, pp.255–260。

13. 关于 AlphaGo 缘何成功，参见迈克尔 · 尼尔森发表于《量子杂志》（*Quanta Magazine*）的文章。https://www.quantamagazine.org/is-alphago-really-such-a-big-deal-20160329/。

14. "没有免费的午餐"定理是一套复杂的理论，探讨了对算法进行优化和算法试图解决的问题之间的关联。概而言之，如果一个算法在解决某类问题上尤为突出，那么在其他问题上的表现就会较差。

David Wolpert and William Macready, "No Free Lunch Theorems for Optimization," *IEE Transactions on Evolutionary Computation*, vol.1, 1997, pp.67-82.

15. 杰弗里·辛顿（Geoffrey Hinton），计算机学家、心理学家，被称为“神经网络之父”“深度学习鼻祖”。他在 2009—2015 年的研究表明，深度学习能够更好地识别语言与图像。A. Krizhevsky, I. Sutskever and G. E. Hinton, "ImageNet Classification with Deep Convolutional Neural Networks," *Advances in Neural Information Processing Systems*, vol.25, ed. F. Pereira, C. J. C. Burges, L. Botto, K. Q. Weinberger, Curran Associates, Inc., Red Hook 2012, pp.1097-1105.
16. 通过手机的数据，可以观察经济危机产生的冲击。J. L. Toole, Y. R. Lin, E. Muehlegger, D. Shoag, M. C. Gonzalez and D. Lazer, "Tracking Employment Shocks Using Mobile Phone Data," *Journal of the Royal Society Interface*, vol.12, 2015.
17. 传染病专家莫里兹·克雷默（Moritz Kraemer）及其团队通过搜集大量数据，运用算法，在 2015 年成功绘制了寨卡病毒、登革热、基孔肯雅热的传播媒介埃及伊蚊和白纹伊蚊的全球分布图，这项研究成果于同年发表，参见 M.U.Kraemer et al., "The global distribution of the arbovirus vectors Aedes aegypti and Ae. albopictus," *eLife*, vol.4, 2015, e08347。https://elifes-ciences.org/articles/08347 。
18. Michael Polanyi, *La conoscenza inespressa*, trans. F. Voltaggio, Armando Editore, Roma 1979.
19. Steven Strogtaz, "One Giant Step for a Chess-Playing Machine," *The New York Times*, Dec 26, 2018.

第四章 · 预测新书能卖多少册

1. Fabio Ciulla, Delia Mocanu, Andrea Baronchelli, Bruno Gonçalves, Nicola Perra and Alessandro Vespignani, "Beating the news using Social Media: the case study of American Idol," *EPJ Data Science*, vol.1, 2012, p.8.
2. 声田公司在 2018 年 4 月 3 日上市，到 2019 年初市值超过了 240 亿美元。参见 http://fortune. com/2018/04/03/spotify-stock-market-cap-ipo-direct-listing/。
3. Pado Cintia, Fosca Giannotti, Luca Pappalardo, Dino Pedreschi and Marco Malvaldi, "The harsh rule of the goals: Data-driven performance indicators for football teams," *IEEE International Conference on Data Science and Advanced Analytics*（*DSAA*）, 2015, pp.1-10.
4. 查尔斯 · 里普是否对英国足球形成了负面影响，关于该问题的讨论，参见 Joe Sykes and Neil Paine, "How One Man's Bad Math Helped Ruin Decades Of English Soccer," *Five Thirty Eight*, Oct 26, 2016.
5. Duncan Alexander, *Outside the Box: A Statistical Journey Through the History of Football*, Century Editions, Scottsdale, 2017.
6. Luis Amaral, Jordi Duch and Joshua S. Waitzman, "Quantifying the performance of individual players in a team activity," *PLOS ONE*, n.5, 2010, e10937.
7. Alessio Rossi, Luca Pappalardo, Paolo Cintia, F. Marcello Iaia, Javier Fernandez, Daniel Medina, "Effective injury forecasting in soccer with gps training data and machine learning," *PLOS ONE*, n.13, 2018, e0201264.
8. 巴塞罗那俱乐部在足球创新上十分积极，俱乐部创办了巴萨创新中心（Barça Innovation Hub），推动俱乐部与科研机构的合作。参见

https://barcainnovationhub.com/。
9. 参见 https://code.fb.com/core-data/introducing-deeptext-facebook-s-text-understanding-engine/。
10. 关于东北大学的研究细节，参见 Burcu Yucesoy, Xindi Wang, Junming Huang and Albert-Lászlό Barabási, "Success in books: a big data approach to bestsellers," EPJ *Data Science*, vol.7, n.1, 2018, p.7。
11. Albert-Lászlό Barabási, *The formula: The universal laws of success*, Hachette UK, 2018.
12. 关于这一分析模型的方法，参见 Samuel Fraiberger, Roberta Sinatra, Magnus Resch, Christoph Riedl and Albert-Lászlό Barabási, "Quantifying reputation and success in art," *Science*, vol.362, iss.6416, 2018, pp.825-829.
13. 参见 https://bits.blogs. nytimes.com/2013/10/28/spotting-romantic-relationships-onfacebook/。
14. 出自意大利《新闻报》2013 年 11 月 6 日的文章《打倒算法》(Abbasso glialgoritmi)，作者是马西莫·格拉梅利尼 (Massimo Gramellini)。

第五章 · 人工智能的陷阱

1. 布奥拉姆威尼在《纽约时报》2018 年 6 月 21 日的一篇评论文章《当机器看不见黑色的皮肤》(When the Robot Doesn't See Dark Skin) 中，讲述了自己的经历。
2. 关于人脸识别技术，参见 Tom Simonite, "How Coders are Fighting Bias in Facial Recognition Software," *Wired,* Apr3, 2018。
3. 关于警察拦截车辆执法的相关研究，参见 Rob Voigt, "Language from police body camera footage shows racial disparities in officer

respect," *Proceedings of the National Academy of Sciences*, vol.114, 2017, pp.6521–6526。

4. 威廉·詹姆斯的原话如下：A great many people think they are thinking wher they are merely rearranging their prejudices。

5. ProPublica 是一家位于纽约的非营利性组织，以调查新闻著名。2010 年，该组织获得了当年的普利策新闻奖。关于坎帕斯系统，参见 https://www.propublica.org/article/machine-bias-risk-assessments-in-criminal-sentencing。

6. Alexandra Chouldechova, "Fair Prediction with Disparate Impact: A Study of Bias in Recidivism Prediction Instruments," *Big Data*, vol.5, n.2, 2017; Jon Kleinberg, "Inherent trade-offs in algorithmic fairness," *Abstracts of ACM International Conference on Measurement and Modeling of Computer Systems*, 2018; Sam Corbett-Davies, Emma Pierson, Avi Feller and Sharad Goel, "A computer program used for bail and sentencing decisions was labeled biased against blacks. It's actually not that clear," *Washington Post*, Oct 17, 2016; Rachel Courtland, "The Bias Detectives," *Nature*, vol.558, 2018, pp.357–360.

7. David Lazer et al., "Computational Social Science," *Science*, vol.323, 2009, pp.721–723.

8. D. Lazer, R. Kennedy, G. King, A. Vespignani, "The Parable of Google Flu: Traps in Big Data Analysis," *Science*, vol.343, 2014, pp.1203–1205.

9. http://tuvalu.santafe.edu/events/workshops/index.php/Next_Generation_Surveillance_for_the_ Next_Pandemic. 关于会议论文，参见 Benjamin M Althouse et al., "Enhancing disease surveillance with novel data streams: challenges and opportunities," *EPJ Data Science*, vol.4, n.17, 2015.

10. 参见 https://www.cdc.gov/flu/weekly/flusight/index.html。

11. 这个例子出自网站 http://tylervigen.com/spurious-correlations。

12. 萨姆·斯卡尔皮诺（Sam Scarpino）和乔瓦尼·彼得里（Giovanni Petri）在 2019 年提出，在流行病预测领域，的确存在某种限制，例如在许多案例中，预测行为无法超过一年这一时间段，流行病的爆发点也不能超过一个。参见 Sam Scarpino，Giovanni Petri, "On the predictability of infectious disease outbreaks," *Nature Communications*, vol.10, n.898, 2019.

13. Hykel Hosni, Angelo Vulpiani, "La Scienza dei Dati e L'Arte di Costruire Modelli," *Lettera Matematica Pristem*, vol. 104, 2018, pp.21-29.

第六章·人工世界

1. J.-P. Chretien, S. Riley, D.B. George, "Mathematical modeling of the West Africa Ebola epidemic," *E-life*, vol.4, 2015, e09186.

2. 2008 年，在伊丽莎白·哈罗兰的协调下，三个计算流行病学团队通过数学方法研究了遏制新的大流行病的可能图景，研究成果于同年发布在权威学术期刊。参见 Elizabeth Halloran, "Modeling targeted layered containment of an influenza pandemic in the United States," *Proceedings della National Academy*, vol. 105, 2008, pp. 4639-4644。

3. "世界网格人口"更新至第四代，精确范围已经限定在 1 平方公里内。此外，WorldPop Project 项目从 2013 年起也开始搜集高精度的人口数据，用于灾难与健康危机管理。

4. A. Pastore y Piontti, N. Perra, L. Rossi, N. Samay and A. Vespignani, *Charting the Next Pandemic: Modeling Infectious Disease Spreading in the Data Science Age*, Springer, Berlino 2019.

5. 关于寨卡病毒的研究成果，参见 Q. Zhang et al., "Spread of Zika virus

in the Americas," *Proceedings of the National Academy of Sciences*, vol.114, 2017, pp.E4334–E4343。

6. 关于交通分析与仿真系统的技术报告与已发表的相关文献，可在弗吉尼亚理工大学生物复杂性研究院（Biocomplexity Institute）的网站查阅。参见：http://ndssl.vbi.vt.edu/transims-docs.html。另外，美国阿贡国家实验室（Argonne National Laboratory）开发的交通分析与仿真系统算法，成功运用了并行计算的方法。参见：https://tracc.anl.gov/index. php/transims-parallelization。
7. 上述研究的大部分材料仍是绝密，弗吉尼亚理工大学的科学家则发表了他们研究成果的精简版本。参见 Nidhi Parikh, Harshal G. Hayatnagarkar, Richard J. Beckman, Madhow V. Marathe and Samarth Swarup, "A comparison of multiple behavior models in a simulation of the aftermath of an improvised nuclear detonation," *Autonomous agents and multi-agent systems*, vol. 30, 2016, pp.1148–1174。
8. 这是瑞士苏黎世理工大学、意大利 IMT 卢卡高等研究院（IMT Institute for Advanced Studies, Lucca）和意大利国家研究委员会（CNR）的复杂系统研究院合作展开的研究成果，发表于 2012 年。参见 S. Battiston, M. Puliga, R. Kaushik, P. Tasca and G. Caldarelli, "DebtRank: Too Central to Fail? Financial Networks, the fed and Systemic Risk," *Scientific Reports*, vol.2, 2012, p.541。
9. 司南·阿拉尔和克里斯托斯·尼古拉德斯对超过 100 万人的日常健身进行了长达 5 年的跟踪，上述人群在一个跑步机应用程序的全球社交平台中留下了超过 3.5 亿公里的运动里程。参见 Sinan Aral and Christos Nicolaides, "Exercise contagion in a global social network," *Nature Communications*, vol. 8, n.14753, 2017。
10. Soroush Vosoughi, Deb Roy and Sinan Aral, "The spread of true and false news online," *Science*, vol.359, 2018, pp.1146–1151.

11. 关于推特上有多少机器人账户，参见瓦罗尔（O. Varol）及同事于 2017 年发表在《第十一届 AAAI 网络与社交媒体会议论文集》（*Proceedings of the 11th AAAI Conference on Web and Social Media*）中的文章。对脸书潜在的机器人账户的分析，参见美国参议院司法委员会听证会在 2017 年发布的报告《网络中的极端主义内容与俄罗斯的虚假信息：与科技合作寻找解决方案》（Extremist content and Russian disinformation online: Working with tech to find solutions）。

第七章 · 管理我们的未来

1. Doygu Balcan et al., "Seasonal transmission potential and activity peaks of the new influenza A (H1N1) : a Monte Carlo likelihood analysis based on human mobility," *BMC Medicine*, vol.7, 2009, p.45.
2. "Dr. Seldon, I presume," *The Economist*, Fed 23, 2013, p.76.
3. Isaac Asimov, *Trilogia della Fondazione*, Mondadori, Milano 2004.
4. Nate Silver, *Il segnale e il rumore*, Fandango Libri, Roma 2013.
5. Riccardo Luna and Marco Pratellesi, *Social winner. Come la rete ha giocato un ruolo decisivo nelle elezioni 2013*, il Saggiatore, Milano 2013.
6. Ryan Kennedy, Stefan Wojcik and David Lazer, "Improving election prediction internationally," *Science*, vol.355, 2017, pp.515–520.
7. 丹尼尔 · 阿维罗（Daniel Gayo-Avello）不认同使用推特数据来预测选举的做法，他的多篇文章的标题本身已表达了激烈的批判立场。参见 Daniel Gayo-Avello, '"I Wanted to Predict Elections with Twitter and all I got was this Lousy Paper" —A Balanced Survey on Election Prediction using Twitter Data,' *arXiv preprint ar-*

Xiv:1204.6441, 2012。

8. Johan Bollen, Huina Mao and Xiao-Jun Zeng, "Twitter mood predicts the stock market," *Journal of computational science*, vol.2, 2011, pp.1–8.
9. Kirk Bansak, Jeremy Ferwerda, Jens Hainmueller, Andrea Dillon, Dominik Hangartner, Duncan Lawrence and Jeremy Weinstein, "Improving refugee integration through data-driven algorithmic assignment," *Science*, vol. 359, 2018, pp.325–329.
10. Neal Jean, Marshall Burke, Michael Xie, W. Matthew Davis, David B. Lobell and Stefano Ermon, "Combining satellite imagery and machine learning to predict poverty," *Science*, vol.353, 2016, pp.790–794.
11. Andrew G. Reece and Christopher M. Danforth, "Instagram photos reveal predictive markers of depression," *EPJ Data Science*, vol.6, 2017, p.15.
12. 根据美国作家菲利普·迪克短篇集改编的电影在 2002 年上映，由汤姆·克鲁斯、科林·法瑞尔主演。
13. Michal Konsinski, Dowid Stillwell and Thore Graepel, "Private traits and attributes are predictable from digital records of human behavior," *Proceedings of the National Academy of Sciences of the United States of America*, vol.110, 2013, pp.5802–5805.
14. Jennifer Valentino-DeVries, Natasha Singer, Michael H. Keller and Aaron Krolik, "Your Apps know where you were last night, and they're not keeping it secret," *The New York Times*, Dec 10, 2018.